完善自我 挑战人生

书写完美修养手册

主编 拾月
编著 冯雪

图书在版编目(CIP)数据

完善自我 挑战人生：书写完美修养手册 / 冯雪编著. -- 北京：现代出版社, 2014.10
ISBN 978-7-5143-2785-4

Ⅰ. ①完… Ⅱ. ①冯… Ⅲ. ①个人－修养－青少年读物 Ⅳ. ①B825-49

中国版本图书馆 CIP 数据核字(2014)第 236261 号

完善自我 挑战人生：书写完美修养手册

主　　编　拾　月
编　　著　冯　雪
责任编辑　王敬一
内文制作　诚美天下文化传播有限公司
出版发行　现代出版社
地　　址　北京市安定门外安华里 504 号
邮　　编　100011
电　　话　(010)64267325
传　　真　(010)64245264
邮　　箱　xiandai@cnpitc.com.cn
网　　址　www.1980xd.com
印　　刷　三河市华晨印务有限公司
开　　本　700mmx1000mm　1/16
印　　张　9
版　　次　2014 年 8 月第 1 版　2021 年 4 月第 3 次印刷
书　　号　ISBN 978-7-5143-2785-4
定　　价　29.80 元

前言

青少年是社会的宝贵财富，是人类的希望和未来，正所谓“少年强则国强”。为此，大至一个国家、一个民族，小至一个家庭、一个家族，都特别重视青少年的教育问题。希望他们成为社会的中坚，家族的骄傲。一句话，就是希望他们成为成功的人。于国，能成为有用的人才；于家，能成为顶梁柱。不仅仅要学习好，还要有辨别人世间善、恶、美、丑的能力。在每个人的人生中，除了需要自身的因素之外，还需要拥有感受世界的能力。

包容、快乐，是旅途之中的包囊，时刻给予我们心灵的养分。

自责、抚慰，是对那些过往的积淀、筛选，去其糟粕，取其精华。

简约、坚持，是对人生最大的尊重，是对生命最好的诠释。

放弃、放下，是心灵深处的温度计，是心灵最惬意的悠然假期。

完美、舍得，是对生命、对梦想、对人生的终极追求。

青春，是人最美好的一段时光，也是人格、性格定型的重要阶段，在这个时期，我们需要享受青春的快乐，同时也需要完成自我塑造。通过心理自助，最终从一个小男生、小女生逐渐成长为一个有着健全人格的人，成长为一个对社会、对家庭、对自我有着相对完整认知的人，成长为能够为自己的未来做主的人。这才是一个最充实、最有价值的青春。每个梦想都值得我们认真对待，每个青少年都是未来的希望。在青春中我们不仅要有欢乐，同时也要拥有未来！

本丛书是你化解烦恼的“心灵鸡汤”，可以给你快乐的心理自助；本丛书会让你认识到：掌控心理，方能掌控世界；改变自己，才能改变一切。本丛书还将告诉你：只有实现积极的心理自助，才能收获快乐而充实的青春。

目录

第一篇 完美 是人生最值得的注脚

第二篇 这是一场永无止境的征途

第三篇 完美人生的完美社交

目录

第四篇 细微之处 方能锦上添花

第五篇 有心情 才有好生活

第一篇

完美 是人生最值得的注脚

完美，是每个人都在追求的终极目标。谁都渴望能够在人际交往之中树立一个完美的形象。但是完美，并非只是单纯地指代一个形象，更重要的还是一份从内在散发出来的优雅、气度。

气度 成全一个高大的形象

故事话题

世界著名的作家海明威曾经在二战时期发生这样一件小故事：

美国海军少尉莱德勒在一个“不看样品”的拍卖会上，用 30 美金拍下了一个密封的大木箱，里面装着满满的威士忌，少尉觉得自己很赚，正好他的服役期即将结束，这些酒刚好够他开一个告别酒会。就连周围有围观者想要用 30 美金买一瓶酒，少尉也不卖。

这个消息很快就被嗜酒如命的海明威知道了，他恰好也在这里，于是他就找到了少尉，希望能够购买六瓶酒，但是少尉用同样的理由拒绝了。但当时物资非常稀缺，海明威已经很久没有开怀畅饮了，所以他对于这六瓶酒势在必得。少尉知道海明威的大名，也不愿意驳他的面子，就提议说，如果海明威可以给他上六堂课，教他如何成为一名优秀的作者，他就愿意用六瓶酒来换。海明威自然应允。

后来，海明威非常认真地给莱德勒少尉上了五堂课，在准备最后一堂课的时候，海明威恰好有事要到其他地区去，少尉也连忙陪他去机场，不敢耽误。但是在机场上，海明威非常郑重地说：“我绝对不会食言，现在就给你上最后一堂课，最后一堂课的内容非常简单——在描写别人前，首先自己要成为一个有修养的好人。什么叫作好人呢？首先，要有同情心。其次，要以柔克刚，不要去嘲笑不幸的人……”

少尉并不懂这其中的关联，非常疑惑地问道：“这些有什么关系呢？”

海明威严肃地说：“这些对你整个人生非常重要！”在即将上飞机的时候，他又转过身来说：“给你一个小小的忠告，我的朋友，在你告别酒会发请柬之前，一定要把你的酒品尝一下。再见了，我的朋友，我会想你的！”

回到自己的部队之中，少尉果然如海明威所愿，打开了威士忌，却发现原来里面装的根本就不是酒，而是普通的茶水。

故事解析

海明威和少尉之间原本只是一场再普通不过的交易，对于海明威而言，这是一笔非常吃亏的交易，他原本只是想要通过自己的授课获得六瓶威士忌，但是却发现酒瓶里装的根本就不是酒。不过海明威心里也清楚，少尉并非是故意欺骗他，他也是被拍卖会欺骗的受害者，他按照最初的约定，给少尉上了六堂课。为了避免让少尉在酒会当天出糗，他也在临行前提出了自己的建议。

海明威不仅没有责备少尉，更没有因此而摆出一副“得理不让人”的架势，这就是属于他的气度。气度并不仅仅只是一个形容词，更是在于一个人处理问题的解决方法是否得当。海明威之所以选择在最后一刻才告诉少尉自己的忠告，并且没有直接说出酒是假的，而是让少尉自己去查证，这更是体现出他气度的一点。

气度，是一种让别人感受舒适的品性之一，更是一种宽广的胸怀。当我们拥有了这份气度，自然能够看清人生之中的很多事情。

故事穿越

什么叫作真正的气度，并非只是这一种表现，当面对突如其来的莫须有的指责，是否依然能够做到镇定自若。

早就家喻户晓的著名影星“发哥”周润发和吴孟达当年都在艺人培训班里学习，并且是同一期的学员，按照现在的说法，就是同班同学，两个人关系非常好。但当时吴孟达特别喜欢赌钱，欠下很多赌债，身边的朋友都觉得这个人已经无药可救，周润发也曾多次好言相劝，希望他能够迷途知返。但怎奈当时的吴孟达执迷不悟。

后来，吴孟达欠下的赌债高达数十万元，或许这个数字在现在看来并不算太高，但在当时已经是个天文数字了。之前吴孟达还常常有戏拍，至少还能有个收入，但这个时候，就连制片方都不敢找吴孟达拍戏。无可奈何的吴孟达只好向周润发借钱，可是没想到的是，周润发板着脸对他说：“这是你自己的事情，你自己解决！”

吴孟达非常生气，认为周润发这是见死不救，而身边的朋友也都纷纷站出来指责周润发过于冷血。可是摆在眼前的情况就是这样，当时的吴孟达已经无片可拍，更没有收入，何谈去还赌债呢？没过多久，吴孟达突然收到了一个导演的邀请，请他去片子中扮演重要配角，而后也有几个导演纷纷前来约他拍片。就这样，吴孟达不仅凭借着自己精湛的演技赢得了香港最佳男配角的荣誉，偿还了赌债，同时也顺利戒除了赌瘾。直到这个时候，吴孟达才知道，原来当时就是周润发向众多导演力荐他，希望大家能够给他一个机会。为了表示自己的感激，吴孟达特意找到周润发，但是发哥只说了句：“如果当时我帮你，实际上就是害了你，因为你既不会戒赌，也不会真正站起来！”

故事微语

周润发的做法，在很多人看来，似乎有些过于不近人情，身边的朋友、甚至吴孟达本人都不能理解。的确，在常人眼中，朋友有难，江湖救急是在寻常不过的事情。但是周润发心里明白，如果这一次帮助了他，那么这个有着精湛演技和无限潜能的好友永远都走不出赌博的旋涡，所以他板着脸、沉默着，宁可让所有人误解他，也绝不替吴孟达还钱。

通过这个故事，或许我们对于“气度”会有一个全新的理解，这并非是单一地指代一个人的气质、胸怀，更重要的是体现在当一个人处于逆境，或者是处在对自己不利的环境当中，能否以一种从容、睿智的姿态去战胜；是体现在当一个人处在被人不理解、不认可的环境里，能否坚持自己的原则。而周润发做到了，所以他不仅仅收获到了属于他和吴孟达之间最真挚的友情，也收获了自己的气度。

心灵箴言

君子固穷，小人穷斯滥矣。

——先秦《论语·卫灵公》

渴不饮盗泉水，热不息恶木阴。

——陆机

富贵不能淫，贫贱不能移，威武不能屈。

——孟子

生命诚可贵，爱情价更高；若为自由故，两者皆可抛。

——[匈牙利] 裴多菲

优秀的人物，总是远离世俗的，而不是在罪孽的浊流里浪流。

——[苏联] 高尔基

专注 是最接近完美的瞬间

故事话题

有人常说，认真的人最具魅力。是的，当我们专注于某一件事、某一个领域的时候，就会散发出一种迷人的气场。更重要的是，专注，能够助我们成就梦想。

著名的数学家陈景润在研究问题、思考难题的时候，就格外关注，什么事情都无法打扰到他。有一天，陈景润刚刚走出自己的办公室，准备回家，可是他总是想着那道还没解出来的数学难题。走着走着，他突然觉得自己的肩膀一痛，下意识地就认为自己是撞到了人，他连忙说对不起。但是半天也没听到别人说话，他连忙转头一看，身边哪有什么人啊，原来是一棵大树，他因为太过专心思考问题，完全没有注意到自己撞到了树上，还给它道歉呢。想到这里，陈景润也不由地笑出了声。

故事解析

陈景润作为中国最著名的数学家之一，由他发表的“陈氏定理”不仅成为哥德巴赫猜想研究上的里程碑，同时也被世界誉为“哥德巴赫猜想第一人”。他之所以能够在数学领域中获得如此巨大的成就，和他的专注是分不开的。

当一个人能够专注在某一个领域的时候，他的所有精力自然都用在这个领域之中。清朝文人陈廷焯在撰写的《白雨斋词话》卷八中写道：“盖兵贵精不贵多，精则有所专注，多则散乱无纪。”也正是阐述了这个道理。

专注，是取得成功的必要因素，只有当我们专注于自己的梦想，才会心无旁骛，才能在起点和终点之间行走出距离最短的一条直线来。人生在世，本身就要经受很多诱惑的考验，而专注就是能够抵抗住诱惑的利剑，更是梦想成功的翅膀。

故事穿越

很多科学家之所以能够取得那么大的成就，这和他们本身在各自领域中的专注都是有着密不可分的关联。当然，也有很多科学家因为太过专注而发生了很多笑话：

在1871年的圣诞节当天，不仅是西方人的传统节日，著名的发明家、科学家爱迪生更是把自己人生大事——婚礼定在这一天，所以这一天就显得格外隆重。从这一天早上开始，相继就有很多亲朋好友来到婚礼现场，为这对新人送来最真挚的祝福。但是到了中午吃饭的时候，所有的亲朋好友却发现一个非常奇怪的现象——新郎不见了。

爱迪生的新婚妻子对此反而是习以为常，她一个人接待着亲朋好友，礼数周到，别人问起新郎的时候，她就会回答说：“估计此时此刻，他已经在实验室里了。”好在朋友们都很了解爱迪生的为人。果然，到了晚上，一个巡夜的工人在实验室里发现了爱迪生，惊讶地问他：“怎么会出现在这里，今天不是先生您结婚吗？”原来爱迪生在婚礼现场，看到一个现象，非常符合他正在研究的电报机，就连忙跑到实验室里做起了试验，把结婚这件事情早就忘到了脑后，等他赶回家中的时候，已经是第二天凌晨了。

故事微语

专注，是我们每个人都要学会的一种技能，并不仅仅是一种在工作方面的准则，在生活中同样如此。专注于你的家庭、专注于你的爱好、专注于你的友情，做好这些都会让我们从中受益匪浅。大千世界，总有数不清的烦恼、千般诱惑，万般不舍，如果我们不能专注，那么自然就无法抵抗诱惑，更不能真正地享受生活。

专注，也是提升我们效率的不二法宝，身在职场，我们总是抱怨有做不完的工作，但是如果真的专注于自己的工作，不仅能够提高工作效率，更能够让我们在职场上取得非常突出的成就。这同样是专注的益处。

专注于自己眼前的一切，珍惜属于自己的生活，只有这样，我们才能拥有无悔的人生。

心灵箴言

路漫漫其修远兮，吾将上下而求索。

——屈原

专注、热爱、 全心贯注于你所期望的事物上，必有收获。

——[美] 爱默生

只要专注于某一项事业，就一定会作出使自己感到吃惊的成绩来。

——[美] 马克·吐温

每天早晨醒来，一想到所从事的工作和所开发的技术将会给人类生活带来巨大的影响和变化，我就会无比兴奋和激动。

——[美] 比尔·盖茨

勇气 在青春的路上勇往直前

故事话题

在19世纪的英国校园里，常常会发生一些恃强凌弱、以大欺小的事情，这似乎是在学校中非常常见的现象。有一天，一个又高又壮的男生抓住了“不听话”的小男生的领子，劈头盖脸就用拳头“修理”起来。很多同学都看到了这个现象，但是对于他们而言，这已经是非常常见的事情了，所以大多数人都袖手旁观，也有一些同学是因为怕被牵连而不敢管。

就在这个高个子男生打了几下之后，一个外表文弱的男生站了出来，大声斥责大个子道：“你到底要打他几下才肯罢休，你不过是仗着自己身材高大，就欺负弱小，真是无耻！”

高个子男生被这样一阵抢白之后，不禁恼羞成怒，大骂道：“你这个不知天高地厚的小豆芽菜，关你什么事？”

文弱男生走出来，站到高个子男生对面，用一种保护的姿势将被打少年护在了身后，说道：“虽然我打不过你，但是我愿意替他忍受一半的拳头！”

看着文弱男孩坚定而清澈的眼神，高个子男孩竟然被震慑住了，再看到周围人的窃窃私语，内心深处也产生了羞愧之情，于是就住手了。

后来，文弱男孩和被打少年成了关系非常不错的朋友，文弱男孩叫作乔治·戈登·拜伦，是英国著名的浪漫主义诗人，而被打少年叫作罗伯特·比尔，是英国颇负盛名的大政治家，正是他创立了英国伦敦大都市警察，并提出了“九项警务原则”，对现如今的警察活动仍然具有借鉴意义。

故事解析

或许有人会觉得奇怪，拜伦并不强壮，在当时的环境之中，并没有半点优势而言，为什么拜伦能够在关键时刻挺身而出呢？答案只有两个字——“勇气”。

勇气，能够让一个胆小的人直面内心中的任何恐惧，能够让懦弱的人克服生活中任何困难。拜伦正是因为内心充满了勇气和正义感，才能在又高又壮的大个子同学面前挺身而出。

在我们的人生之中，勇气同样是非常重要的一个因素。当我们拥有了勇气，就等于拥有了无穷的潜力，即便是身处逆境，也能够毫不畏惧。

故事穿越

同样是在19世纪，同样是在英国，伦敦一个剧场内正在进行一场演出，原本一切都非常顺利，但演员突然唱不下去了。观众们一看，立刻就嚷嚷起来，纷纷站起身要求退票。剧场老板一看这个架势，也慌了手脚。正在这个时候，一个年仅5岁的小男孩站上了舞台，他一边唱一边跳，把观众们逗得非常开心。于是，就在观众的欢呼声中，他一下子唱了好几首歌。

因为这一次演出，小男孩成为当时最受欢迎的小童星。后来有一次，法国著名的丑角明星马塞林要来伦敦演出，可这时候他遇到了一个很大的难题，他要表演的节目中需要一个小演员扮演猫，和他配合。但是由于他的名气太大了，很多小演员都没有这个勇气。这个时候，剧场老板再一次想到当初救场成功的小童星，于是便再次邀请他。果然，就在别人为他们的配合捏一把汗的时候，马塞林和小男孩却非常默契地完成了节目。这个小男孩名字叫作卓别林，在十余年之后，他成为世界著名的表演大师、喜剧大师。

故事微语

在机遇和挑战面前要想制胜，勇气则是非常重要的元素之一。人生是由无数次机遇和挑战构成的，每个人都不例外，但是只有能够勇敢接受挑战并且最终战胜挑战的人，才能走向最终的成功。

勇气，并非是逞匹夫之勇，而是在内心中经过了深思熟虑之后的抉择，更是对未来局势充分考量之后的评估。卓别林能够两次救场，首先便是对自己能力的一种自信，并且能够在短时间之内调整到自己所需的状态之中，这是一份成竹在胸的应对能力，但光有这些并不足以让他在关键时刻救场成功，最关键的便是勇气。

正是勇气，才让他一个年仅5岁的小男孩在整个剧场都陷入了慌乱中的时候，站到了舞台之上，使出浑身解数，将观众从刚才失败表演的负面情绪中剥离；也正是勇气，让他在面对“明星大腕”时毫不怯场。

其实我们每个人都需要勇气，有了勇气，生活中的种种挑战便不再是挑战，而是机遇，一个能够改变我们一生的机遇。

心灵箴言

软弱甚至比恶行更有害于德性。

——[法] 拉罗什富科

人的勇气能承担一切重负；人的耐心能忍受绝大部分痛苦。

——[英] 塞缪尔·约翰逊

在不幸中所表现出来的勇气，通常总是使卑怯的心灵恼怒，而使高尚的心灵喜悦的。

——[法] 卢梭

虽然危险并未临近，而迎头邀击比长久注视其前来的好，因为如果一个人注视过久，他是很有睡觉的可能的。

——[英] 培根

善良 让心里住进一位天使

故事话题

美国历史上最伟大的总统之一——富兰克林·罗斯福在工作时总是一副神采飞扬、自信果敢的样子，对待自己的原则问题，罗斯福丝毫不会让步，面对嚣张的恶势力也绝不手软。然而在生活中，罗斯福却是另一种个性，他慈祥、善良、宽容。

在罗斯福还没有成为政客之前，他在家乡的农场里面工作，农场场主是一个非常刻薄且小气的人，对待给自己工作的工人要求非常苛刻，稍微出一点纰漏，就以此为借口扣罚员工的薪水。当时的罗斯福还是一个非常冲动的年轻人，有一次，农场场主也是因为一个非常小的事情当借口，扣罚了罗斯福整整一个月的薪水，气不过的他就将农场场主告上了法庭。但是农场场主胁迫所有员工为他作伪证，结果罗斯福不仅没有讨回薪水，反而因为这场诉讼而损失了一大笔诉讼费用。

几十年之后，罗斯福已经成为了美国总统。有一天晚上，农场场主敲响了罗斯福的家门，原来当时正好经历着经济危机，农场非常需要资金，如果借不到钱他很快就要倒闭了。可是因为他的为人，没有人愿意为他去银行做担保，无奈之下，他只好找到了罗斯福，希望它能够帮助自己。

罗斯福听完农场场主的哭诉之后，最终决定由自己出面去银行做担保人，帮他贷款度过危机。在此之后，他的妻子非常不理解他的做法，认为对于一个曾经如此对他的“仇人”，为什么还要帮助他呢？罗斯福说：“假如一个人真的善良，那么善良就是他的天性，这善良不会因为面对的是一个善人或恶人而改变。面对恶人，自己也变得凶恶，这还是真正的善良吗？所以，我们每个人都应该做到，我们的善良，不能因为恶人的恶而发生改变！”

故事解析

善良，是每个人内心深处都存在的一种情感，无论是对待身边人，还是对于需要帮助的陌生人。正所谓：“人之初，性本善。”所以每个人内心深处都会有一个非常柔软的角落，留给善良。

罗斯福的善良，并非是指他在帮助了曾经有过恩怨的农场场主，重点并非在于有过恩怨，而是在于帮助本身。正如他自己所说，我们的善良，不能因为恶人的恶而发生改变！我们每个人虽然都是一个个体，但是在社会之中，每个人又都对社会有着属于自己的责任，在社会人相处的过程中，善良就发挥了最大的功效。

在面对天灾人祸的时候，善良的人们都愿意奉献出自己的一份爱心；当遇到需要帮助的人，善良的人们都愿意伸出援助之手。可以说，正是因为善良，才让我们的社会变得充满了人情味，让我们的世界变得美好起来。

故事穿越

克拉拉·蔡特金作为德国工人运动和国际妇女运动杰出的女活动家，自小她就非常善良，常常喜欢帮助那些需要帮助的人。

有一次，蔡特金攒了很久的零花钱，准备去买一个心仪已久的物件，钱攒好了之后，她就随父亲出门了。恰好碰到了一个年纪非常小的报童，那一天天气非常寒冷，可是小报童却只穿着非常破旧、单薄的衣服，站在街头冻得瑟瑟发抖。蔡特金看到之后，从兜里拿出所有的钱，跑过去向小报童买了七份报纸。

父亲看到觉得有些奇怪，就问她："怎么买了那么多份报纸，买一份不就够了吗？你不是要去买东西吗？"

蔡特金不好意思说是看到小报童可怜，又担心父亲批评她乱花零用

钱，嘟囔了半天也没说出内心的想法。

父亲看到她这个样子，知道是自己表达不够清楚，害的女儿误解了，于是连忙解释道："孩子，我不是批评你浪费钱，爸爸的意思是，你给了报童七份报纸的钱，但我们只需要一份，其余的你可以还给他，让他继续贩卖，这样他不就有更多的收入了吗？"

蔡特金这才恍然大悟，连忙将其余六份报纸还给了报童。

故事微语

每个孩子在进入社会之前，内心都是纯洁而善良的，当他们看到弱小的生命，内心深处都会涌出一种怜悯之情。只是在经历了生活的洗礼和锻炼之后，他们内心深处的善良也同样要经历磨练，然而，善良是人类与生俱来的天性，更是美好社会中的美德。

善良的人，总会用善良的眼神关注着世界上的一切，那么，所有的一切在他们眼中就是真善美。善良的人在人际交往的过程，总是会与人为善，更容易轻信而付出自己的真诚。尽管有人会说，善良的人总是容易吃亏，但是善良的人同样也能够在人生中有所收获，那就是一份从容美好的心境。心地善良的人有着金子般的心，因为善良的存在，才能够让我们这个世界充满爱，善良的人用自己的言行感化着她身边的所有，让所有的伤痛，疲惫、消失殆尽。

心灵箴言

行善的人应该觉得自己快乐才对。

——[法] 罗曼·罗兰

昧着良心做事是不安全、不明智的。

——[德] 马丁·路德

做一个善良的人，为人类去谋幸福。

——[苏联] 高尔基

慈善的行为比金钱更能解除别人的痛苦。

——[法] 卢梭

我就是我 贴上专属于自己的标签

故事话题

提到牛顿，或许人们首先想到的就是他世界公认的标签——神通、天才，但这些并非是牛顿最初给自己的定位。在牛顿小的时候，他身体非常瘦弱，在学校里成绩也非常不好，平时他很喜欢机械模型类的玩具，并且通过亲手制作这些玩具得到过父母的赞赏。

不过在封建社会的英国，等级制度在人们的脑海中根深蒂固，即便是学校也同样受到这种思想的影响，所以成绩好的学生可以公开地歧视差等

生。有一次课间时分，牛顿和几个小伙伴们正在游戏，突然，一个在班里一直名列前茅的学生借故踢了牛顿一脚，并当着所有人骂他是笨蛋。牛顿非常生气，就大声和他理论。争吵声引来了老师，结果老师并没有一个非常公正的态度，这下子可是惹恼了牛顿，他在心里暗自发誓，一定要超过成绩好的同学！

在这种刺激下，牛顿发奋读书。很快，牛顿的成绩就超过了那个欺负过他的同学，在班级里名列前茅。

故事解析

在每个人的内心中，都会对自己有一个或清晰、或不清晰的定位。少年牛顿在发奋读书这个过程中，将自己的定位从不清晰逐渐转变为清晰，并且最终得以实现。这就是自我定位的价值所在，也是自我定位在人生中的重要作用。

一个人的自我定位，不仅是对自己一种充分且客观的评价，更是对自己人生道路的一种理性规划。每个人都是不同的个体，所以自我定位的侧重点自然也就有所不同。自我定位是对梦想的一种合理规划。正如我们所说，每个人内心中都会有属于自己的梦想，如何去实现梦想，如何让自己的一生都过得充实、有意义，这并非是单一的梦想就能够概括的，而是需要通过统筹规划来辅佐，这个过程就是自我定位。

有很多年轻人对于自我定位存在一种普遍的误区，认为自我定位就等同于性格，等同于职场规划，其实这样说并不完全。自我定位包含很多方面，有家庭定位、生活定位、性格定位等等，毕竟我们的生活不是一个电脑程序，总是一成不变，所以一个完整的自我定位是非常有必要的。

故事穿越

每个人的自我定位不同，这就间接影响到了很多事情。日本的“水泥大王”浅田一郎在还没有发家之前，就曾经在心里给自己树立了一个远大的目标——一定要成为一个有钱人。于是他紧接着又想，如何才能成为一个有钱人呢？或者说，什么方法才能赚到钱呢？他觉得自己在乡下，机会肯定少，于是他就决定和同乡们一起去东京闯天下。

到了东京之后，他们惊讶地发现一个现象——人们拿着水桶到水龙头接自来水必须要付钱。当然啦，在现如今这个现象大家都习以为常，但在当时，还是把浅田一郎和他的小伙伴们都惊呆了。同伴们看到这个现象第一个反应是——东京真是什么都贵，连水都要钱，这个地方肯定赚不到钱。于是他们就都又买了回家的车票，离开了。但是浅田一郎的反应是——天啊，这里太好赚钱了，连自来水都能卖钱，今后他一定能够成为有钱人！就这样，浅田一郎留在了东京，最后不仅成为了有钱人，更成为日本的“水泥大王”。

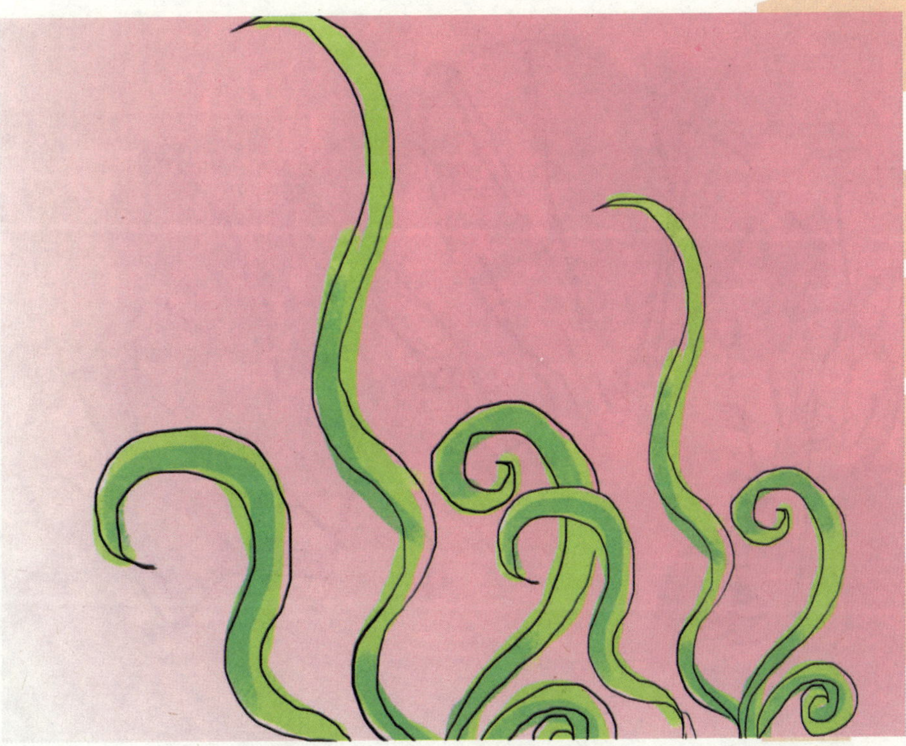

故事微语

浅田一郎的成功，是他付出了努力回来的，但同时也是最初的这份自我定位发挥了很大的作用。一个完整的自我定位，最重要的是包括你所做的事情在大多数时间能够让你充满了斗志、充满了正能量，这是非常关键的一点。当我们内心愉悦，自然能够投入自己百分之百的精力。

我们很多人都有过类似的经历，或者说不断地会有人告诫你，爱一行干一行，如果做不到这一点，不妨找一个自己喜欢的工作。其实，工作并非是我们人生的全部，也不能成为我们痛苦的源泉。所以在自我定位之中，同样要具备这一条。

自我定位，并不仅仅包括职场方面的规划，同样也有在个性方面的。曾经一段时间内，有很多，类似“二十岁不如何如何”的书籍畅销市场，其实这就是一种性格方面的自我定位。我们每个人的生长环境各不相同，自然就会形成不同类型的个性，准确的自我定位，就是充分发挥出个人特长，让我们每个人都成为这个世界上最独一无二的人！

心灵箴言

征服自我是胜利中最大的胜利。

——[古希腊] 柏拉图

伟人们之所以看起来伟大，只是因为我们自己在跪着。站起来吧！

——[德] 马克思

就连最伟大的天才，如果想单凭他所特有的内在自我去对付一切，他也绝不会有多大成就。

——[德] 歌德

征服世界的将是这样一些人：开始的时候，他们试图找到梦想中的乐园，最终，当他们无法找到时，就亲自创造了它。

——[爱尔兰] 乔治·肖伯纳

第二篇

这是一场永无止境的征途

每个人的一生都要经历数十个春夏秋冬，它是一段说长不长、说短不短的时间漫步，这便是我们的一生。然而，我们的人生旅途中不可能全是一帆风顺。在旅途中，我们需要的并不仅仅是勇气，不仅仅是气度，想要塑造完美的人生，势必需要更多的元素来充实自己。

驻足梦想 成就完美人生

故事话题

作为世界上第一个发明了飞行器的莱特兄弟，自幼就非常羡慕那些在天空中自由飞翔的大雁。有一年初冬，他们兄弟二人和父亲一起去放羊，恰好看到一群大雁从他们头顶掠过，并且消失在天空的尽头。

哥哥便问道：“爸爸，大雁要飞到哪里去？”

爸爸随口说道：“现在天气越来越冷了，大雁要飞到一个暖和的地方，在那里度过寒冬。”

哥哥长叹口气，无不羡慕地说道：“如果我也能像大雁那样自由自在，想飞到哪里就能飞到哪里，该有多好啊！”

弟弟紧跟着也说道：“对啊，我们人为什么不能飞呢？如果我们也能拥有鸟类的翅膀，该有多好啊！”

父亲看到两个儿子满脸羡慕的神情，就说道：“孩子，如果你们想飞，你们也一定能够飞起来的！”

“爸爸说谎，我们怎么飞？我们又没有翅膀！”兄弟二人立刻嚷嚷起来。

父亲非常严肃地说：“孩子们，你们还小，只要通过自己的不断努力，将来一定能够像大雁一样飞起来的！”

正是有了父亲这句鼓励，莱特兄弟在长大之后便投入到了飞行器的研究上，并且成功研制出世界上第一架飞行器，实现了载人飞行的伟大创举。

故事解析

像鸟一样自由自在地飞翔，在曾经是多少人心中的梦想，但是直到莱特兄弟才将这个梦想变成了现实。梦想，就像是一颗种子，种植在每个人的心田，当我们每一次为了梦想去努力、去奋斗，我们就离梦想更近一步。

梦想，就像是一抹绚丽的色彩，不仅让我们的人生变得充实，甚至就连拥有梦想的人，都变得完美起来。如果我们没有梦想，人生不过就是漫长的数十年的年复一年、日复一日，就连时间都变得无比漫长，每个人都在浑浑噩噩、碌碌无为中度过这一生，何谈人生意义？何谈完美人生呢？

真正完美的人生，就好比是一道绚丽的彩虹，要有多种颜色才够精彩，要品味到酸甜苦辣才叫多彩人生。梦想之于人生，就好比是一盏指路明灯，不仅能够指引我们的人生方向，同时也能让我们在黑暗之中看到希望。

故事穿越

在 NBA 赛场上，有一个身高只有 160cm 的球员，这在平均身高超过 180cm，接近 200cm 的 NBA 赛场上，他的出现，不仅成为很多球迷心中的笑谈，认为个子这么矮小的人怎么能当上篮球运动员呢？但令人不敢置信的是，他不仅是 NBA 赛场上最矮的球员，也是 NBA 之中表现最杰出、失误率最少的后卫之一。他的名字叫作蒂尼·博格斯，效命于夏洛特黄蜂队。

博格斯从小就非常喜欢打篮球，最大的梦想就是能够成为一名职业篮球运动员，站在 NBA 的赛场上。然而，从小博格斯的个子就非常矮，所以每当他和自己的小伙伴说，长大了要去 NBA 当篮球运动员的时候，小伙伴们都毫不掩饰地大笑起来。面对同学们的不理解，博格斯却丝毫不气馁，他每天上学的路上都不忘记练习如何控球。

后来，博格斯终于凭借自己的努力进入了 NBA 赛场，并且用自己高超的运球技术，让众人都相信了这样一个道理：NBA 并不仅仅是高个子的天下，矮个子同样能够在

这里完成梦想。那些曾经嘲笑过他的小伙伴，现如今也都在说：“我小时候是和博格斯一起打球的！”

故事微语

NBA是“巨人”们的天下，这在若干年前，还是球迷心中的一个普遍认知，博格斯的豪言壮志让很多人都认为这不过是痴心妄想，但是在努力面前，梦想道路上的任何阻碍都不构成绝对性的威胁。

博格斯的成功告诉我们这样一个道理：梦想对于每个人都是公平的，当我们付出了绝对的努力，当我们为了梦想不断完善自己，当我们每一次总结失败教训之后，梦想总有一天会在生活当中成为现实。

正如同那首歌所唱：没有人能够随随便便成功。梦想，就是我们的每一秒行动；梦想，就是我们的每一个信仰；梦想，就是我们永恒的追逐。人生，因为梦想而精彩，而我们，则因为梦想更加完美、充实。

心灵箴言

梦想只要能持久，就能成为现实。我们不就是生活在梦想中的吗？

——[英] 丁尼生

人类也需要梦想者，这种人醉心于一种事业的大公无私的发展，因而不能注意自身的物质利益。

——[法] 居里夫人

一个人可以非常清贫、困顿、低微，但是不可以没有梦想。只要梦想一天，只要梦想存在一天，就可以改变自己的处境。

——[美] 奥普拉

我们因梦想而伟大，所有的成功者都是大梦想家：在冬夜的火堆旁，在阴天的雨雾中，梦想着未来。有些人让梦想悄然绝灭，有些人则细心培育、维护，直到它安然度过困境，迎来光明和希望，而光明和希望总是降临在那些真心相信梦想一定会成真的人身上。

——[美] 威尔逊

登高远眺 看到更远的远方

故事话题

登高远眺，这并不仅仅是一个动作，更是一种生活中的积累。当我们打开了视野，便能够取人所长、补己之短。

作为清末民初时期的著名的文人、革命家，康有为在青少年时期，一直接触的都是儒家思想和传统的四书五经，那些年他也曾和其他同学一样，希望能够考取功名。但是在他拜了南海九江有名的学者朱次琦为师之后，他的志向逐渐发生了变化。

朱次琦和康有为的祖父康赞秀都非常崇拜宋明理学，开始对传统的仕途之路有了新的认识。在公元 1879 年，康有为第一次接触到了西方文化，直到这个时候，他突然有了一种茅塞顿开的感觉。于是他决定离开朱次琦，独自一人到西樵山白云洞读书。他读了很多经世致用的书，比如顾炎

武的《天下郡国利病书》、顾祖禹的《读史方舆纪要》，从中学到了很多知识。同年他去了一次香港，正所谓“读万卷书，不如行万里路”，这次旅行让他大开眼界。以后他又阅读《海国图志》、《瀛环志略》 等书，“购地球图，渐收西学之书，为讲西学之基矣”。这一年是康有为从中学转为西学的重要开端。

康有为后来之所以支持变法，之所以有了“公车上书”这个举动，一方面是因为康有为胸怀天下，希望能够通过自己的力量改变腐朽、落后的清政府统治；另一方面，也正是因为有了前期的积累，才让康有为有了这样的想法，并且将自己的见解全部融合到了变法之中。

故事解析

康有为之所以最终能够走上积极变法的道路，这和他早期接触到的西方文化以及其他开明人士有着非常密切的关联。纵观历史，有很多伟人之所以能够把控全局、抓住机遇，都和他们开阔的远见有着重要关系。只有将目光放长远，心胸自然宽广、认知自然超凡。

人生其实就是一场爬山运动，我们的目光决定着很多事情。当我们能够自动将目光放在远方，我们以前认知的那些在生活之中被称之为“烦恼”的事物自然就不能称之为烦恼，那些让我们常常絮絮叨叨的抱怨也不再是抱怨，生活中的很多事情都变得微不足道。

所以，登高远眺，并不仅仅是促使我们成功的关键要素，更重要的，它是人生中的一份正能量，让我们筛选出生活中的负面情绪。

故事穿越

著名的物理学家艾萨克·牛顿说过有这样一句话："如果说我比别人看得更远些，那是因为我站在了巨人的肩上。"这是在牛顿发现了最著名的"牛顿运动定律"之后所说的话，可以说，牛顿第三定律是建立在伽利略等科学家在力学方面的多次试验结果和研究成果之上的。

伽利略是第一个将试验引进力学的科学家，其中最著名的就是在比萨斜塔上进行的落体试验——他站在比萨斜塔之上，将两个重量完全不同的

铁球同时抛下，两个铁球几乎同时落地，建立了自由落体定律。除此之外，伽利略还发现了物体的惯性定律、摆振动的等时性和抛体运动规律。正是在伽利略开创了这些先河之后，牛顿才能够如此顺利地研究出“牛顿运动定律”。所以当有媒体问到牛顿，如何看待自己的成就，他才会有了这样一番回答。

故事微语

将自己的目光放得长远，无论是做人、还是做事。纵观古今，做事周全、目光长远是为人处世的大智慧，更是为人们大力弘扬的。万事以长远为重，不计小嫌是一种难得的气度，有这种气度的人，常常能干出一番大事业。反观那些斤斤计较、小肚鸡肠、睚眦必报的人，势必会成为不会受人欢迎的人，甚至会为人所不齿，也就很难有所作为。

所以，目光长远也应遵从大局意识，以整体利益为重，凡事从大局出发，在事关大局和自身利益的问题上，能以宽广的眼界审时度势、以长远的眼光权衡利弊得失，这样的人往往能够取得最终的成功。

在生活中，我们要面对的，是每一天的琐碎之事。然而我们的精力是有限的，如果对待每一件事情，我们都那么在意，那我们的生活就会被这些琐碎影响。所以，面对烦恼、面对琐事，请适当地放开胸怀，给自己一片天空。把目光放远，学会释怀、学会淡然，这样你就会少了很多压力，更能够享受到生活中的乐趣。

心灵箴言

读书破万卷，下笔如有神。

——杜甫

眼界要阔，遍历名山大川；度量要宏，熟读五经诸史。

——《格言联璧》

如果说我比别人看得更远些，那是因为我站在了巨人的肩上。

——[英] 牛顿

坚持自我 振臂高呼的呐喊

故事话题

唐朝著名诗人李白曾经发生过这样一件事：

李白在少年时代，不思进取，非常贪玩。李白的父亲一看这个孩子如此顽劣，就将他送到了学堂里，可是李白仍然劣性不改。有一天放学，他又跑到河边去玩耍，恰好看到一位白发苍苍的老婆婆蹲在小河边，将一根铁杵放在石头上来回摩擦。李白非常好奇，就走过去问道："老婆婆，你在做什么啊？"

老婆婆并没有停下手里的活，回答道："我在磨针。"

李白听到之后吓一跳，大叫道："磨成针！这怎么可能！"他丝毫不掩饰内心的质疑，非常仔细的看着很粗的铁棒，这得要磨到何年何月，才能磨成一根又细又小的绣花针啊！

婆婆却丝毫不被李白所影响，说道："孩子，做事情只要有恒心，什么事情都能成功。别看现在这根棒子很粗，但是我天天都来磨，早晚有一天，它能成为一根绣花针的。不是说滴水穿石吗，滴水都能把石头磨穿，铁棒还不能成针吗？"

听了婆婆的话之后，李白脸上一阵红一阵白，也在心里暗暗发誓，不管做什么，只要有恒心，不管什么困难都能克服。在这件事情之后，李白开始刻苦读书、发愤图强，最终成为流传千古的伟大诗人。这就是历史上著名的"铁杵磨成针"的典故。

故事解析

铁杵磨成针，这个看似不可能完成的任务，但是在恒心面前，困难也变得微不足道起来。想要成功，就必须付出自己的努力；想要收获，就必须有持之以恒的精神。

李白看到的是一个让人觉得不可思议的现象，老人家为了磨制一根绣花针，就在河边日复一日地打磨着，正是因为受到了这样的启发，李白终于明白，如果想要收获，就必须坚持下去，就必须将自己当成这跟铁棒，经过无数次地打磨，最终才能成为人才。

在我们的生活中，有很多事情都需要我们的坚持才能真正完成，才能真正成为优秀的人。这种坚持不仅仅是机动地、被动地去做，更重要的是，我们要坚持自我，努力寻找到解决问题的方法，让自己成为真正有用的人才。

故事穿越

东晋时期的著名书法家王羲之，七岁的时候就非常擅长书法。据说当年在王羲之的家乡有一条河，河畔有一个很深的长方形水池，少年时期的王羲之就常年在这里练习书法。他用池子里的水研磨、写好了字之后又用水池子里的水刷洗笔。时间长了，池子里的水就变黑了，到了后来，这个池子里的水和墨的颜色都不分伯仲。就是通过这样日复一日、坚持不懈的努力，王羲之最终在书法上有所建树，成为公认的“书圣”。

王羲之的儿子王献之非常崇拜自己的父亲，认为自己一定能够像父亲那样成为一代书法家，而对于这个儿子，王羲之也非常喜欢，认为他最有自己的风采。有一天，年仅十岁的王献之刚刚练习完书法，正好看到王羲之从外面走进来，他就很开心地拿着自己刚刚写完的字帖去问父亲：“你看我现在的字，如果我在练习两三年，是不是就能像您那样优秀了呢？”

王羲之摇了摇头，并没有说话。

王献之继续问道：“那五年呢？”

父亲还是不回答，倒是母亲走过来，摸着儿子的头说：“想要在书法上有所建树，你还早着呢。”

王献之有点失望，就嘟囔着：“那我什么时候才能像父亲那样，成为优秀的书法家呢？”

王羲之走到院子中间，指了指并排放在院子角落的一排大水缸说道：“等你写完这十八口大缸里的水，书法才能有骨架。”

果然，后来王献之坚持每日练习书法，后来终于成为举世闻名的大书法家。

故事微语

王献之之所以能够在父亲的光芒之下，仍然能够在书法上取得属于自己的成就，就是他每日坚持练习的结果。而且在练习的过程中，他并没有盲目地模仿自己的父亲，而是在模仿的过程中寻求创新，寻找到属于自己的风格。

在我们的成长过程中，我们也会常常去模仿那些已经成功的榜样，可是在模仿的时候，并不能机械地临摹，而是要通过模仿他人寻找到属于自己的风格。

模仿同样需要创新思维，同样需要坚持自我，只有这样，才能找到通往成功的道路。

心灵箴言

重复是学习之母。

——狄慈根

只要持之以恒，知识丰富了，终能发现其奥秘。

——杨振宁

一个人只要强烈地坚持不懈地追求，他就能达到目的。

——[法] 司汤达

伟大变为可笑只有一步，但再走一步，可笑又会变为伟大。

——[德] 佩思

下苦功，三个字，一个叫下，一个叫苦，一个叫功，一定要振作精神，下苦功。

——毛泽东

调整方向 莫因失败迷失航向

故事话题

孔子人称“圣人”，但尽管如此，孔子并非真正的完人，也曾经有过错误。

有一天，孔子带着几个学生外出讲学，突然碰到暴雨，恰好遇到当地一个渔翁将他们带到山洞里避雨。这个山洞恰好能够看到大海，暴雨中的大海具有一种原始的美感，让孔子诗兴大发，脱口而出说了两句诗词：“风吹海水千层浪，雨打沙滩万点坑。”

渔翁一听，就提出了反对意见：“先生，您这诗句并不稳妥，您怎么知道这海浪只有千层，沙坑恰好有万点呢？”

孔子一听，觉得言之有理，便虚心请教。渔翁就说：“依我之见，不妨改成‘风吹海水层层浪，雨打沙滩点点坑。’您觉得如何？”

孔子还没有说什么，倒是孔子的一个学生说道：“老翁，这千层浪、万点坑不过都是一种虚词，是一种形容，你懂不懂啊！”

孔子连忙呵斥住自己的学生，渔翁觉得自己受到了侮辱，就对那名出言不逊的学生说道：“圣人自然有圣人的道理和见识，但是也不一定什么方面都出类拔萃，要论打鱼，你们肯定都不如我。”说完，渔翁就不再理会他们，专心打鱼。

看着渔翁娴熟的动作，孔子心里突然产生了很大的触动，猛然间发觉自己犯了个大错误，于是把学生招拢到一起，严肃地说：“以前总是对你们说‘生而知之’，但是今天我才认识到，这句话是错误的，大家要记住：知之为知之，不知为不知，是知也。”

故事解析

孔子在当时已经是一个备受尊敬的大学者、大教育家，无论是他的学生、还是其他非常有身份的官员，哪怕是一国之君，对待孔子的态度都是非常尊敬的，或许在很长一段时间里，孔子都没有遇到提出他错误的人了。但是渔翁却并没有因为孔子的盛名而对他有任何特殊待遇，他非常直接的态度让孔子认识到——无论是谁，在这个世界上，总会出现一些错误，或者是不够完善的地方，只有勇敢地认识到了自己的错误，才能真正地改正。

错误、缺点，是每个人身上都会存在的，但是这些错误却又有着本质的不同——有的错误是我们自身无法认识到的，这取决于每个人的眼光、价值观、世界观等多重原因共同作用，还有一种是明明知道那个是错误的，但仍然因为种种原因明知故犯。

可是，不管是哪个类型的错误，对于我们个人而言，都是需要改正的，只有当我们不断改正自身的缺点、认识到了自己的错误，才能取得真正的进步。

故事穿越

著名的科学家爱因斯坦这一生之中，一直认为自己有一个“一生最大的错误”，并且因为这个错误而心怀内疚。

在1917年，爱因斯坦刚刚提出广义相对论之后没多久，他便和荷兰物理学家德西特做进一步的研究。很快，他们就发现引力场方程的宇宙解是动态的而不是静态的现象。于是两个人就开始根据这个现象进行物理研究，但是没过多久，爱因斯坦就和德西特之间发生了关于研究方面的分歧。

外界也非常关注爱因斯坦和德西特的研究进程，但是由于当时爱因斯坦的名气非常大，有众多追随者，这也导致了德西特内心承受了巨大的精神压力。几年的时间过去了，因为天文学方面的进步，最终证明了德西特的观点是正确的，爱因斯坦不仅因为自己的判断失误，更因为自己在无形之中给德西特的研究带来了阻力而道歉。

对于这件事情，爱因斯坦一直心怀愧疚。后来，在他的70岁生日那天，他还向好友索洛文表示："我感到在我的工作中没有一个概念是很牢靠地站得住的，我也不能肯定我所走的道路一般是正确的。"

一位举世闻名的伟大科学家能勇于承认自己的失误，谦虚地回顾自己已被世人承认和称颂的成就，说明了爱因斯坦实事求是，尊重科学的坦荡胸怀。这也正是爱因斯坦能取得伟大成就的原因。

故事微语

一个错误的认知，很有可能会影响我们一生。当这个错误造成了不可挽回的局面，当这个错误给他人带来了严重的伤害，当这个错误足以影响了我们今后的人生轨迹，那么我们是否有勇气直面自己的错误，这就是问题的关键所在。

就像那句老话所说，不怕你有错误，最怕的是你没有勇气去面对自己的错误。金无足赤，人无完人，我们不可能永远都不犯错误，但是有了错误、有了缺点，能够认识并且改正，这才能成就我们完美的人生。

错误就好比是我们人生中的一面镜子，折射出我们的人生哲理，让我们在人生旅途之中，能够有改正自己的机会。

心灵箴言

一次小小的失误也许会防止重重的跌落。

——[英] 托·富勒

最好的好人，都是犯过错误的过来人；一个人往往因为有一点小小的缺点，将来会变得更好。

——[英] 莎士比亚

正确的结果，是从大量错误中得出来的；没有大量错误作台阶，也就登不上最后正确结果的高座。

——钱学森

一个人在科学探索的道路上，走过弯路，犯过错误，并不是坏事，更不是什么耻辱，要在实践中勇于承认和改正错误。

——[美] 爱因斯坦

相信自己 我的名字叫无悔

故事话题

在国际上享有盛誉的著名指挥家小泽征尔先生，在他还没有名扬四海之前，他和很多学习音乐的年轻人一样，去参加各种音乐比赛。在一次世界优秀指挥家大赛上，小泽征尔作为参赛选手，按照事先大赛主办方准备的乐谱开始指挥，但很快，小泽征尔就发现了整个协奏曲之中总会有些不和谐的细节。他认为，协奏曲之中出现不和谐的地方，一定是乐谱出现了问题，于是他就去和主办方沟通，提出了自己的质疑。但是主办方，甚至包括那些评委会的评委们都一再表示，乐谱是不可能出现问题的。

看着主办方的权威人士纷纷站出来表达了态度，小泽征尔只好再次回到舞台上，继续演奏。但几乎是在同样的章节处，依旧出现了不和谐的瑕疵，小泽征尔再一次叫停。他走到评委会的各位评委面前，非常严肃地说道：“我非常肯定，这次的乐谱是错误的，我希望主办方再次排查一遍。”

没想到的是，他的话音刚落下，评委会上的各位评委们纷纷起立，对小泽征尔报以热烈的掌声，祝贺他取得了大赛的金奖。原来，这些都是主办方故意设下的“陷阱”，为的就是考察那些参赛选手是否能够做到完全的自信，相信自己的判断、相信自己的音乐素养，而小泽征尔正是做到了这些，取得了比赛的第一名。

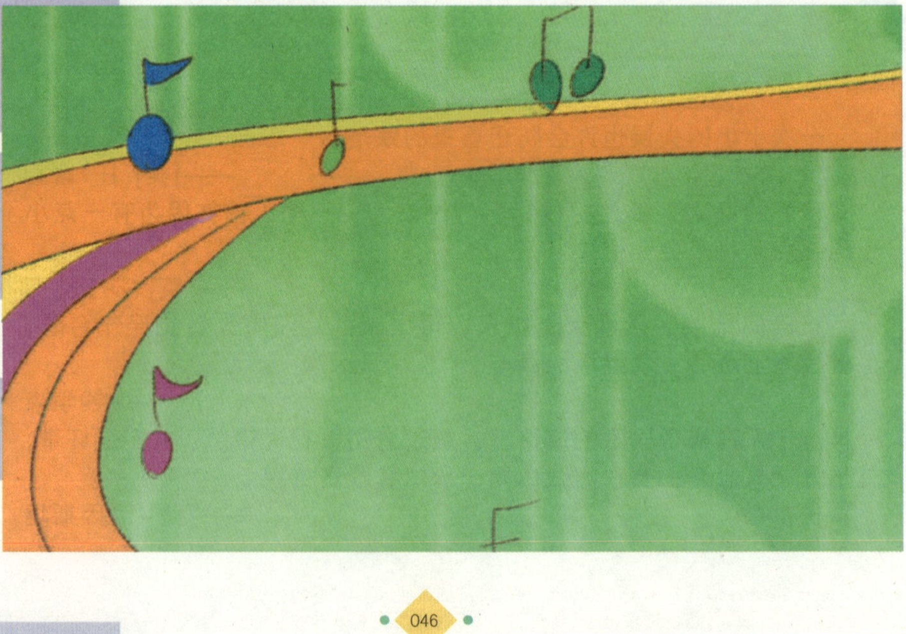

故事解析

有太多的励志歌曲中，都会有这样一句——“我相信自己！”相信自己，似乎是一句非常普通的口号，但实际上，这并不仅仅是一句口号，更是内心的一份写照。

相信自己，是建立在充分了解自己的能力之上，这是发自内心的一种自信。小泽征尔之所以能够在这样重大的比赛中提出乐谱是错误的，首先就是基于相信自己在音乐方面的感知，更重要的是，他有一颗坚定自己的心。

相信自己，是面对挫折时最好的一剂强心针，能够让我们在困境中也绝不向现实妥协；是面对质疑最坚定的声音，能够让我们在彷徨时不迷失方向。

总体而言，人生就是体验欣赏的过程。在这个过程中，我们每个人的眼中都装着一个世界，都有跃跃欲试的情怀，也有展现个性的欲望。既然如此，那么就不要怀疑，相信自己，更不要介意别人如何看你。

故事穿越

从火爆荧屏的英国选秀节目《英国达人》中，走出了一个平民歌手，叫保罗·帕斯，保罗自从在2007年参加了这个选秀节目之后，不仅成为了2007年的年度冠军，更实在自己发行首张大碟之后，第一周就在英国热卖13万张。凭借这个销量，他登上了英国大榜排行榜的NO.1，这是英国乐坛中第一个凭借首张专辑就拿到了第一名的平民歌手。

在保罗·帕斯取得了这样的成绩后，有很多媒体在采访的时候询问过他，究竟是什么让他在这场选秀中取得了成功呢？保罗非常郑重地说出了两个字——自信。保罗参加比赛已经是36岁了，在充斥着众多年轻面孔的选秀节目之中，他没有半点优势。不仅仅是没有优势，保罗还有一个非常大的缺陷——结巴。那时候的他是个最普通不过的手机销售员，常常因为结巴受到同事们的排挤、顾客的歧视，又因为一场意外，他的牙齿一下全部摧毁了，所以当一个“身材矮胖、一口烂牙”的结巴走上了《英国达

人》的舞台，不仅成就了自己的音乐梦想，更让所有观众看到了一个自信的歌手！

故事微语

每个人的存在都有自己的价值，这份价值不因为我们到底是成功还是失败而改变。保罗·帕斯在成功之前，所有人都认为他不过是一个在生活中苦苦挣扎的手机销售员，正是因为他相信自己，最终在《英国达人》这个舞台上，成就了自己。

在我们的一生中，也常常会遇到这样的情况，没有人能够随随便便成功，相信自己行，才能大胆尝试，接受挑战。所以，我们要在回忆过去成功的经历中体验信心。当然，也更要多做，力争把事情做到完美，从中受到更多的鼓舞。在尝试的过程中，肯定会遇到失败和错误。如果我们相信爱迪生所说的“没有失败，只有离成功更进一点儿”，对于前进过程中所遇到的问题、困难乃至失败，就顺其自然地淡定面对，从容应对，把注意力集中到完成任务上，不断增强实力。而实力，则是撑起信心的最重要支柱。

心灵箴言

我们应该有恒心，尤其要有自信心。

——[法] 居里夫人

自暴自弃，这是一条永远腐蚀和啃噬着心灵的毒蛇，它吸走心灵的新鲜血液，并在其中注入厌世和绝望的毒汁。

——[德] 马克思

一个人绝对不可在遇到危险的威胁时，背过身去试图逃避。若是这样做，只会使危险加倍。但是如果立刻面对它毫不退缩，危险便会减半。决不要逃避任何事物，决不！

——[英] 温斯顿·邱吉尔

第三篇

完美人生的完美社交

人类作为这个社会中的主体，每个人就好比是社会中的一个点，点与点之间，总会延伸出相互关联的线，也就是我们所说的社交。我们都是独立的个体，却不能独立于整个社会。完美，并非只是个人的标签，更重要的是在社交之中，要让完美成为别人对你的称赞。

海纳百川 有容乃大

故事话题

一个宽容的人，往往更容易得到别人的真诚相待和敬佩。

著名的匈牙利作曲家、钢琴家弗朗茨•李斯特就是一个非常宽容的人。在他成名之后，有很多人都以成为他的学生、或者是得到他的指导为荣。但也有一些人冒名以他的名义来宣传自己。

有一次，一个非常年轻的钢琴演奏者准备在某个音乐厅举办自己的钢琴独奏会，可是在宣传海报上，她在自己的名字前面加上了“李斯特女学生”几个字，因为有了李斯特的大名，有很多人都慕名前往。很快，李斯特也知道了这件事情，于是在演出前一天，他找到了这个女孩，女孩惊恐万分，连忙请求李斯特原谅，并说明自己是迫于生计才出此下策，请李斯特原谅她。

李斯特丝毫没有为难女孩，甚至主动要求女孩演奏演出时候的曲目，自己加以指点，在最后的时候，他告诉女孩说：“你现在已是我的学生，所以在舞台上你尽管自信起来。而且，你也可以对外宣布，音乐会最后，我将为学生演奏。”

故事解析

李斯特当时作为非常著名的钢琴家、作曲家，女孩的这种行为已经严重影响到了他的声誉，但是李斯特在了解了女孩的苦衷之后，并没有真正追究，而是采用另一种方式，通过宽容的方式，自己给女生的演奏加以指导，让她成为真正的李斯特的学生。

在我们的现实生活里，总会遇到一些并非在自己本意之中的事情，也会和其他人产生种种矛盾，有些矛盾可以避免，但也有一些矛盾无从避免，那么这时候就需要我们拥有一颗宽容他人的心。

每个人都喜欢和宽容、大度的人成为朋友，而不愿意和小肚鸡肠、斤斤计较的人成为朋友。既然如此，我们为什么不做一个宽容的人呢？做一个别人愿意交往且信任的人呢？

故事穿越

敬爱的周总理同样是一个非常宽容的人。有一次，周总理请来一位理发师为自己刮脸，没想到刚弄到一半，总理咳嗽了一下。

瞬间，刮脸刀就在周总理的脸上刮了个小口子。理发师非常紧张，也很愧疚，觉得是自己的失误，竟然把总理的脸刮花了，真是太不小心了。

总理看到理发师一脸难过的表情，连忙解释说：“同志，这并不能怪你，只能怪我咳嗽没和你打招呼。还幸亏你刀躲得快。”

故事微语

宽容，是我们在生活中最至高无尚的美德之一。宽容包含着人的心灵、可以超越一切、是人类情感中最重要的一部分，所以，宽容能融化心头的冰霜。反之，缺乏宽容，就会使个性从伟大堕落到连平凡都不如。

宽容别人对我们来说既有难度，也很容易，这取决于自己内心的选择。当一个人选择了仇恨，那么就只能在黑暗中度过余生；而一个人选择了宽容的话，就等于拥抱了阳光。当我们的内心为自己选择了宽容的时候，便获得了应有的自由。

我们的生活需要宽容。毕竟，在生活中每个人都会有不如意，都会有失败，当你的面前遇到了竭尽全力仍难以逾越的屏障时，请别忘了——宽容是一片宽广而浩瀚的海，不仅能包容一切，也能化解一切，并和时间一起浩浩荡荡向前奔涌。

心灵箴言

最高贵的复仇之道是宽容。

——[法]）雨果

人之心胸，多欲则窄，寡欲则宽。

——金缨

宽宏精神是一切事物中最伟大的。

——[英] 欧文

人之谤我也，与其能辩，不如能容。人之侮我也，与其能防，不如能化。

——弘一大师

未出土时先有节 已到凌云仍虚心

故事话题

在春秋时期，孔子在众多学者心中拥有非常崇高的地位，甚至被人称为“圣人”，但是孔子同样是一个非常谦虚的人。有一天，孔子和自己的学生驾驶着一辆马车赶去晋国。在路上，一个小孩子在路中间玩石头，挡住了孔子的去路。孔子就走下马车，对小孩子说：“孩子，你不应该在路中间玩耍，这样会挡住我们的车！”

谁知小孩子指了指地上的碎石瓦片对孔子说：“老人家，你看这是什么？”

孔子低头一看，原来小孩子用碎石瓦片堆好了一座城池。“老人家，您说，应该是城池给马车让路呢，还是马车给城池让路呢？”

孔子一听，连忙说道：“城池为大，马车为小，理应马车给城池让路。”转过头，他连忙对自己的学生说：“别看这个孩子只有几岁，但是他完全可以做我的老师。”

故事解析

在封建社会中，等级制度是非常严格的，先秦时期更是如此，所以小孩子的一番话让孔子都自愧不如。谦虚，并不仅仅是在同龄人，或者是在比自己地位高的人面前，只要是能够给予你良好的建议，那么他就足以担任你的老师。孔子正是因为有这样的想法，才能够在面对一个小孩子的时候，仍然能够虚心听教。

在我们现实生活中，很多人对于谦虚这一重要的品质，感到不以为然。其实，谦虚是一种积极有力的品质，假如妥善运用，就能够让人们在精神上、文化上，甚至是物质上不断地提升与进步。谦虚是做人的精髓。

不要小看谦虚，当我们用谦虚的态度去面对生活、面对工作，不仅能够自主地寻找到自身的不足，还能够以积极的态度投入到工作生活当中。

谦虚，让我们能够拥有良好的人际交往，能够获得领导和朋友们的欣赏，让我们以更加饱满的热情去迎接生活。不管我们身处何地，都不要忘记，谦虚这项品质。

故事穿越

曾经担任北卡罗来纳州怀特维市的市长，后来经商成为企业家的李·布雷克顿先生，一次无意间发现，因为合伙人的疏忽，造成了一笔重大的经济损失，恰好对方是他多年都非常信赖的事业伙伴。布雷克顿的心情非常糟糕，他从来都没有遭受过如此巨大的打击。

于是就找到一个叫伯伦帝的朋友倾诉："我自从进入商业领域，还没有损失过如此巨大的金额，我想我再也骄傲不起来了，这个打击对我而言，实在是太大了。"

伯伦帝拍了拍布雷克顿的肩膀，安慰道："失败和成功一样有意义，如果这次失败能够让你懂得了谦虚，那你今后一定会感激这次失败的。"

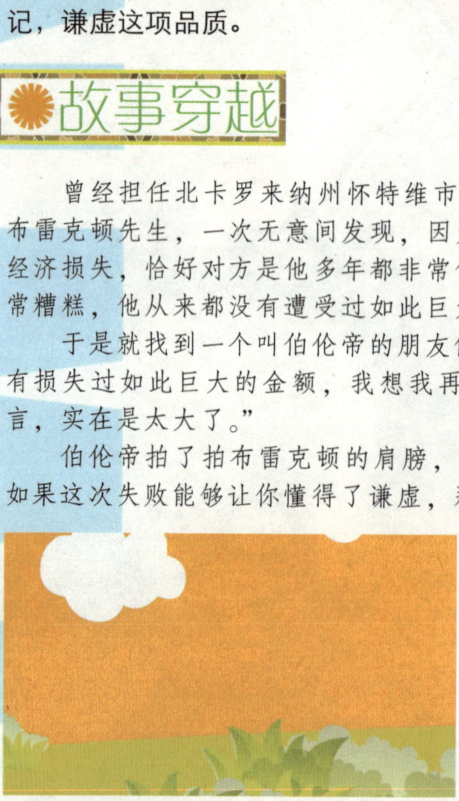

布雷克顿耸耸肩膀，无奈地说："但愿如此吧。"

不过，布雷克顿的确一改曾经骄傲的心态，在工作方面开始虚心听取别人的意见，并且对自己的企业经营模式进行了一系列的调整。几个月之后，伯伦帝接到了来自布雷克顿的好消息，布雷克顿在经受过失败之后，现如今他的企业收入已经再创新高，这全部都是来源于谦虚。

故事微语

正所谓：“谦虚使人进步，骄傲使人落后。”当我们心怀谦虚投入工作的时候，我们的关注点自然就是自己在工作中的不足，从而让自己更加完美。这份完美不仅仅包括自己工作时的方式、方法，更重要的是拥有一个好的心情。

谦虚，是一个空化自我心境的过程，这个过程本身就超越了对物质方面的需求，更能够提升我们的心灵。有很多人总是有这样的感受，对于现实生活，我们总是心怀不满，认为整个社会、整个世界都变得面目可憎，但实际上，变得不是社会和生活，而是我们自身。

当然，虚心并非是要把自己放到很卑微的位置，而是要做到心中有数，做到内心对自己有一个非常可观的评价，只有如此，谦虚才能发挥真正的功效，成为我们完美人生中的一个良师益友。

心灵箴言

虚已者进德之基。

——方孝孺

不满足是向上的车轮。

——鲁迅

放荡功不遂，满盈身必灾。

——张咏

满盈者，不损何为？慎之！慎之！

——朱舜水

劳谦虚己，则附之者众；骄慢倨傲，则去之者多。

——葛洪

恃国家之大，矜民人之众，欲见威于敌者，谓之骄兵。

——魏相

如人饮水 冷暖自知

故事话题

每个孩子在上学的时候，都要经过几百米、或者是一千米的长跑测验。有一个 8 岁的小姑娘身体非常不好，每次长跑的成绩都非常差，可她却是一个非常好胜的孩子，觉得体育课程的落后让她心情沮丧。她的父母就开导她说，在最后没有关系，不要总想着一步登天，你要记住的是，下次你的目标是追赶你前一名的同学。

小女孩记住了父母的话，她不仅将这句话用在体育课上，同时也用在了自己的学习上。她的学习理念就是，不要妄想一步登天，每天进步一点点，每次超越一个同学。就这样，这个小女孩最终考入了北京大学，后来又被哈佛大学以全额奖学金录取，成为当年哈佛教育学院录取的唯一一位中国应届本科毕业生。再后来，这个女孩不仅成为哈佛 370 年历史上第一位中国籍哈佛大学研究生总会主席，毕业之后也成为哈佛大学文理研究生院的全职教师，这个女孩的名字叫作朱成。

故事解析

每个人都非常渴望成功，甚至在内心深处为自己编织了一个梦想蓝图，但是在我们的人生中，还有一门非常重要的必修课叫作“量力而行”。朱成之所以能够在短时间之内在学习、体育课程上有所突破，正是因为她给自己定制的目标并非是多么遥远、或者是多么难以实现的。

“每次只超越一个人”，对于每一个人而言，这都并非是多么难以完成的任务，只要长期坚持下去，自然能够逐渐走向成功。其实这也是一种“适度”原则，梦想是一个非常宏大的词汇，我们无法一步就完全实现，如果把自己的梦想分割开来，其实就是每天进步一点，自然也就不会认为梦想是离我们非常遥远的事情了。

“适度”原则适应生活的方方面面，无论是物质方面，还是精神层次，都是如此。我们常常能够听到，现代快节奏的生活方式会让很多人都背负很大的压力，但实际上，我们只要掌握了“适度”原则，压力也是能够被分解的。所以，请放松自己，“适度”面对生活，让我们的脚步更加轻松，让我们的生活更加完美。

故事穿越

有一部讲述灾难的电影《2012》曾经火爆一时，电影中的很多特效让观众们印象深刻。整部电影都在讲述着“世界末日”的恐慌，但是其中有一个情节，却讲述了关于“适度”的原则：

在得知“世界末日”即将到来，小僧侣尼玛跑到主持的面前，对主持说出内心的忧虑和不确定。他认为“世界末日”的传闻难以置信，但是他的哥哥却全程参与了制作“诺亚方舟”，他又非常信任自己的哥哥，所以非常犹豫是否应该按照哥哥信中所说，带着自己的爷爷奶奶去投奔哥哥。

主持听完之后，并没有说话，而是拿出一个碗，开始往碗里倒酥油茶，当碗里已经倒满了之后，酥油茶自然就溢了出来。尼玛连忙制止主持的举止，主持这才说：“你的心就好比是这个碗，如果你的心里装满了疑虑，自然就放不下其他东西了。”

正是主持的这番话，让尼玛鼓足勇气带着自己的爷爷奶奶投奔了哥哥，并且在“世界末日”那一天保住了性命。

故事微语

尽管这只是一部灾难电影中的某一处场景，但是却非常清晰地表达出一个道理——在我们的精神世界中，同样也存在着“适度原则”。我们每个人的内心都好似是一个容器，当我们装满了正能量，自然就能够以一种积极的态度去面对生活，反之，则只能变得颓废。

每个人的生活都有自己的侧重点，正所谓“如人饮水，冷暖自知”，我们不能过分要求生活中每个人、每件事都必须达到某种极致，可往往正是这种相互制约之中，方能够达到一种人生的完美状态。

在和他人交往的过程中，这种“适度”原则也同样适用，正所谓“君子之交淡如水”，完美的社交中，除了彼此信任之外，还有一个非常关键的地方就是给彼此留有一定的私人空间。只有这样的交往，才能真正让友情长久，才能让这份情感真的完美。

心灵箴言

适度的娱乐能放松人的情绪。

——[古罗马] 塞内加

唯有适度可以产生、增进、保持体力和健康。

——[古希腊] 亚里士多德

能够白首偕老的夫妻，大概就是能够掌握适度感情的夫妻。

——张贤亮

既然我们都是凡人，就不如将友谊保持在适度的水平，不要对彼此的精神生活介入得太深。

——[古希腊] 欧里庇得斯

不迷失自己的航线

故事话题

在春秋时期，晋国发生过一次非常严重的夺嫡事件，晋献公太过宠爱骊姬的儿子，为了立他为太子，竟然把原先的太子杀害。晋献公的另外两个儿子重耳和夷吾非常担心自己成为父皇下一个杀害的对象，于是就决定跑到其他诸侯国避难。

重耳来到楚国，楚成王认为他将来一定能够成大事，便对他非常重视和尊敬，为了报答楚成王，重耳答应他，将来他要是成为晋国的国王，万一两国发生了战争，那么两军交战的时候，晋国一定退避三舍。

重耳果然回到了晋国，成为了晋国国王，史称晋文公。他治理国家，带领晋国发愤图强，很快就成为和楚国相抗衡的国家，两个国家为了争霸中原，展开了攻势。

当时所有的条件都对晋国非常有利，但是晋文公却仍然下令，不让晋军进攻，如果楚国攻击他们，他们一定要退避三舍。在古代一舍等于三十里，晋军第一次后退三十里的时候，楚军想要停止进攻，但是楚成王却下令，步步紧逼，结果当晋军后退了九十里之后，立刻展开反攻，一举攻破楚军，取得了战争的胜利。后来晋文公当上了中原的霸主。

故事解析

这是史上非常著名的“退避三舍”的典故由来，尽管晋文公取得了最终战争的胜利，但是在战场上，战机是瞬息万变的。然而，在面对如此局面的时候，晋文公仍然坚持遵守曾经自己的诺言。

坚持自己的原则，几乎是每个成功者致胜的关键。在现实生活中，在我们的人际交往中，原则看似好像是约束了朋友、同事等人际关系，但实际上，原则恰恰是人际关系之中最基础的环节。

我们对待原则的态度，其实正是我们对自己、对朋友、对人生的态度。坚持原则，不仅仅是坚持我们自己的信念，同时也是坚持自己做人的底线。中国有句老话：“没有规矩不成方圆。”坚持原则，不仅能够帮助我们实现梦想，更重要的是，帮助我们建立一个完善的、能够促进良性循环的社交圈子。

故事穿越

坚持原则，不仅仅体现在我们的人际交往中，同样也体现在当我们身处困境的时候。

公元1449年，正值明朝正统年间，当时发生了一件大事，这件大事对于整个大明王朝都是非常致命的打击——土木堡之变。宦官王振怂恿明英宗在准备尚未充分之前就御驾亲征，导致在土木堡被瓦剌大军俘虏，瓦剌大军挥兵南下，眼看着就打到了北京的城门之下。在当时摆在朝廷面前的只有两条路——一条是誓死保卫北京城；另一条则是和瓦剌大军议和。

然而，明朝自太祖朱元璋就制定了一条祖训——“不割地、不赔款、不和亲、不纳贡。”所以当有人提出议和之后，立刻就有大臣站出来提反对意见，这就是明朝著名的大臣于谦。

紧接着，又有一些大臣提出“南迁”的建议，毕竟南京作为陪都，北京所有的朝廷设施，南京同样拥有，效仿南宋“南迁”也是保存实力的一种做法。但是，在文武百官面前，于谦据理力争，并且非常严厉地驳斥了其他官员提出“迁都南京”的建议，并且得到了皇太后的支持，将郕王推上了皇位，史称明代宗。就这样，于谦率领众多将领，展开了“北京保卫战”，击退了瓦剌大军，取得了最终的胜利。

故事微语

曾经有人这样评论道：“明朝是中国古代史上最有名节的朝代。”在将近三百年的统治时间里，这个朝代竟然真的没有“议和、纳贡、称臣、和亲”，在很多次朝廷陷入危机的时候，整个大明王朝依然坚持着明太祖朱元璋定制的“祖训”。于谦也正是因为在“北京保卫战”的时候坚持了自己的原则、坚持了整个大明王朝的原则而流传千古。

坚持原则，是对自己的一种激励，当我们面对人生困难和低谷的时候，原则就成为我们坚持下去最根本的原因、动力的来源。

尽管我们都力求完美，但是完美人生中也会遇到所谓的低谷，没有遇到过挫折的人生同样也是一种缺陷。可是当我们身处困境的时候，我们反而更要坚持原则，即便是在挫折面前，也不能放任自己。这同样是生活中的一种学问。

心灵箴言

一个没有原则和没有意志的人就像一艘没有舵和罗盘的船一般，他会随着风的变化而随时改变自己的方向。

——[英] 斯迈尔斯

由百折不挠的信念所支持的人的意志,比那些似乎是无敌的物质力量具有更大的威力。

——[美] 爱因斯坦

咬定青山不放松，立根原在破岩中；千磨万击还坚劲，任尔东西南北风。

——郑板桥

一个人要开化一个最闭塞的地方，有了钱还不行，他还得有知识；而且知识，正直，爱国心，如果没有坚定的意志，把个人的利益丢掉，献身于一种社会的理想，那也是白费。

——[法] 巴尔扎克

尊重 也是一份自重

故事话题

鲁迅先生作为民国时期的大文豪，在教育孩子方面，也非常有自己的独到见解，他认为想要教育孩子成人，就一定要给孩子尊重和理解。

有一天，鲁迅在家里宴请朋友，特意做了一道鱼圆，客人们吃过之后都对鱼圆的味道大加赞赏，唯独鲁迅先生的儿子——年仅几岁的周海婴吃过之后很认真地说："爸爸，这个鱼圆是酸的。"母亲许广平听了之后，以为小孩子在胡闹，就责备了他几句。周海婴听了之后非常不开心，撅着嘴坐在一旁。

鲁迅先生看到儿子这个反应，就从周海婴的碗里将刚才他咬过的鱼圆夹了过来，放在嘴里尝了尝，果然这颗鱼圆有些不新鲜了，所以味道偏酸。鲁迅立刻对着海婴说道："是妈妈不对，错怪你了，这个鱼圆果然不太新鲜了。我代表妈妈向你道歉。"然后转过头对许广平说："孩子说不新鲜，我们没有调查就抹杀，这对孩子是一种伤害。以后，我们也要尊重小海婴的话啊。"

故事解析

在我们和他人交往的过程中，“尊重”是一种非常基础的要求。如果没有尊重，就如同一幢大楼没有地基，外表看着没有任何问题，但在风雨之中，却无法抵御半点的伤害。

而且，尊重别人，其实也正是尊重了自己。因为朋友就好比是一面镜子，你对他做了什么，他自然就会如数奉还。无论是同学、同事、邻里之间，还是闺蜜、好友之间，尊重都是一种高尚的美德，是内在修为的表现，是一中文化底蕴。

或许在很多人心中都有这样一个误区，认为尊重是一种非常虚幻的，只是存在内心深处的，其实不然，在生活中很多细节都能够体现出尊重——认真聆听他人的谈话、不急于否认他人的想法、重视他人的努力和付出……这些都是尊重他人的表现。所以，想要赢得别人的尊重，请先从尊重他人开始做起吧。

故事穿越

著名的文学家钱钟书先生和妻子杨绛女士在晚年生活的时候，聘请了一名护工，专门负责照顾已经生病的钱钟书先生。最初，这名护工听说自己照顾的人正是大名鼎鼎的钱钟书的时候，内心多少都有些紧张，但是当她接触到钱钟书之后，却发现，钱钟书先生非常友好，并且对于她这样的护工都非常尊重、态度和蔼。

钱钟书先生因为患病，身体承受着巨大的痛苦，即便如此，他每到夜里，都很少呻吟出声，为的就是不影响陪护休息。又或者是在吃水果的时候，每次都会留下一些给护工吃，为的就是让她也能尝尝鲜。

有一次，钱钟书先生正在闭眼休息，护工阿姨就和来查房的小护士小声闲聊了几句。护士问她为什么千里迢迢地来北京干这种伺候人的工作，护工很无奈的说，老家穷，准备盖房子给儿子娶媳妇，只好来北京干活。没想到这句话被钱钟书听到了，当天，杨绛来医院看望他的时候，他跟杨绛说要三千元钱。杨绛女士也觉得奇怪，钱钟书为了照顾护工的情绪，就和妻子用英文交谈起来。果然，第二天，杨绛女士就交给护工三千元钱，说这是为了感激她对钱钟书的照顾。

后来，钱钟书先生过世之后，钱钟书的女儿却坚持每隔一段时间就到护工阿姨的老家去看望她，两家人的友情就这样延续下来。

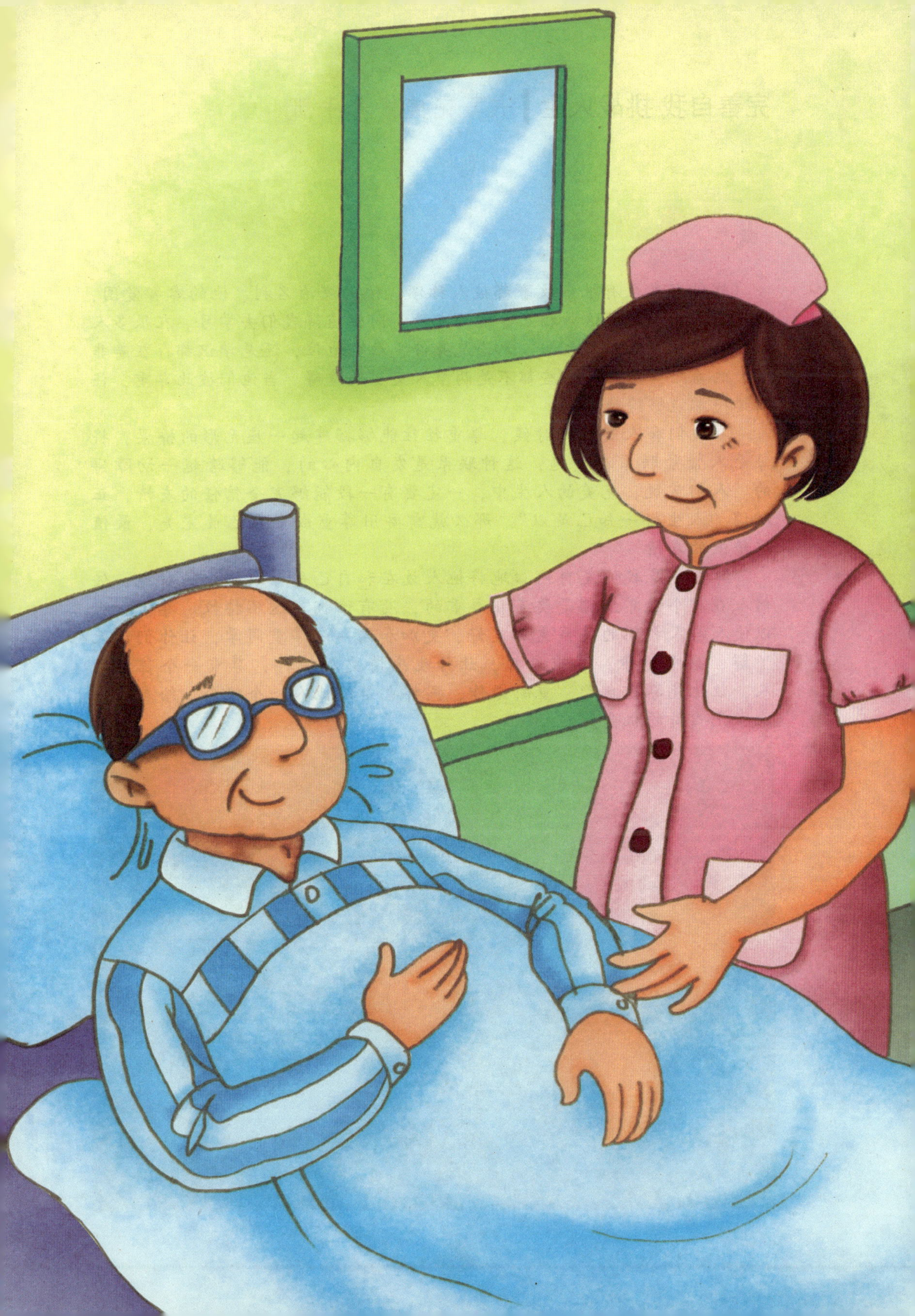

故事微语

钱钟书先生有很多故事都被人称颂，他的淡泊名利、他的睿智爱国，但是他和护工之间这种相互尊重的友情，同样值得我们去学习。在很多人眼里，钱钟书和护工之间，无论是身份、社会地位，还是学识都存在着非常大的差距，然而，这些都不是两个人交往的障碍。当他们彼此尊重，任何障碍都能够跨越。

在我们和人交往的时候，尊重往往能够搭建起一座无形的桥梁，将每个人紧紧联系在一起，这种联系是发自内心的，能够跨越一切障碍的。人们常说，完美的人生中，一定要有一段能够完全信任的友情，正所谓“人生得一知己足以”。那么就需要用尊重成全自己最完美、最值得骄傲的友情。

尊重，是我们发自内心地将他人放在和自己平等人格上的对视，任何人在这个世界上都是要互相尊重的，没有谁拥有这项特权。尊重，可以使人与人之间的关系更加友好、更加和谐——尊重同学，让你们彼此了解、公平竞争；尊重老师，让师生感情更加纯粹；尊重一个贫穷的人，让他能尊重自己，重新振作，同样也是给他人一个机会、给自己一次净化心灵的机会。

心灵箴言

每一个正直的人都应该维护自己的尊严。

——[法] 卢梭

礼貌是儿童与青年所应该特别小心养成习惯的第一件大事。

——[英] 约翰·洛克

没有自我尊重，就没有道德的纯洁性和丰富的个性精神。对自身的尊重、荣誉感、自豪感、自尊心。这是一块磨练细腻的感情的砺石。

——[苏联] 苏霍姆林斯基

第四篇

细微之处 方能锦上添花

正所谓：“细节决定成败。”在人生中，同样如此。一份完美的人生，如果没有对细节的把控，就会有很多事情、不足都被我们忽视掉，从而影响到我们人生的完美。注重细节，能够让我们拥有一个完美的人际关系圈，能够让我们拥有发现问题的眼睛，能够让我们看到更多其他人看不到的成功与失败。

知书达理 赢得阵阵赞赏

故事话题

张良作为汉朝初期著名的谋士，与萧何、韩信并称为“汉初三杰”，由于张良谋略过人，也被称作“谋圣”。然而，张良究竟是如何学到了这样一身的本领呢？历史上有这样一个典故，叫作“圯上受书”：

据说，当时张良还只是一个市井小民，每日都游手好闲地在市集里闲逛，有一天，他到下邳桥上溜达，恰好看到一个身穿粗布短衣的老者。这名老者走到张良面前，故意把自己的鞋子扔到桥下，用命令的口气对张良说：“去把我的鞋给我捡回来！”

张良虽然心里很是恼火，但是看到对方年事已高，两鬓斑白，觉得还是尊重人家为好，就跑到桥下把鞋子捡了回来。老人又命令他给自己穿上鞋子，张良又耐着性子把鞋子给老人穿好。这时候，老人断言，这名年轻人将来一定会有大出息，为了培养他，让张良五天之后早上到这里和他见面。

五天过去了，张良一早就到桥头，却看到老人已经在那里等候多时，老人非常生气，斥责他和人约好，怎么能迟到呢？又过了五天，张良特意起了个大早，但是没想到还是晚于老者。再过了五日，张良这次凌晨时分就赶到了桥头。老人到来的时候，看到正坐在桥头毕恭毕敬等待自己的张良，心里非常开心，就送给他一本书——《太公兵法》，老人说，只要将这本兵书看懂，将来张良一定会有所建树的。

果然，张良在熟读了《太公兵法》之后，成为了刘邦手下最杰出的谋士之一，建功立业、流传千古。

故事穿越

张良“圯上受书”中的很多细节，在我们现如今看来，或许有些不可思议，然而，张良却依旧能够表现出自己尊重老人的礼节。正是他的这份知书达理，让老者放心地将《太公兵法》交给他，而这本书也恰好成全了张良之后的丰功伟绩。

知书达理，并非是虚伪的客套，更不是指简单的待人接物，更重要的则是内心之中对于礼节、友好和大局的理解和认知，是内心之中对于自己言行举止的掌控。

在封建社会中，无论男女，凡是读书人家都要求子女要知书达理——对于男子而言，知书达理是深明大义的胸襟、是对自己人生道路的坚持、是上对天子仍然敢于直言进谏的勇气；对于女子而言，知书达理是对于家庭的全部付出、是对丈夫的完全信任，是将家庭布置的仅仅有条、是规劝丈夫的不良行为、是教导子女积极向上。

现如今，男女平等，那么知书达理便成为了一种进入社会之后的行为准则，是对于自己工作、生活等方面的自我约束、是对事物清醒而自主的认知。当我们每个人都能够知书达理地融入到社会中去，自然就能够成为别人眼中完美的人。

故事穿越

著名画家、散文家、教育家丰子恺非常注意对自己子女的教育问题，由于他家常常有人客人来访，所以丰子恺就教育子女，待人接物方面一定要做到热情好客、知书达理。孩子们在小的时候，并不能理解这句话的意思，丰子恺就说："你们也是这个家里的小主人，作为主人，要主动给客人倒茶、添饭，并且一定要双手捧上，不能用一只手。假如用一只手给客人端茶、送饭，就好比是皇上给臣子赏赐，或是对乞丐的施舍，这是非常不恭敬的。"

有时候客人们还在吃饭，小孩子们先吃完了，坐不住了，就吵嚷着想要出去玩，或者是回自己的房间，丰子恺看到之后，并不多加阻拦。但事后，丰子恺就会将孩子们叫到面前说："我们家请客，就是主人，你们几个小孩子也是小主人。主人比客人先走，是对客人极大地不尊敬。就好像嫌人家客人吃得多，这很不好。"听完之后，孩子们再也不一吃完饭就吵嚷着要离开，而是乖乖地坐在一旁等待着。

丰子恺的这些教育，让家里的孩子们从小就知道如何去做一个知书达理的人，更让他们懂得了礼节在人际交往中的重要性。

故事微语

在现如今，我们所接受到的教育大部分已经被分化成了数理化、政治历史等方面的内容，但是对于“知书达理”方面却愈发薄弱了，再加上对孩子的溺爱，让很多人对于“知书达理”嗤之以鼻，认为这些不过是旧时早就应该淘汰的繁文缛节。但实际上，当懵懂的我们进入社会之后，当我们在人情冷暖面前跌倒无数次之后，才再一次地开始学习起这些并不被我们重视的“礼节”。

一个注重完美的人、一个注重自己的人脉关系的人，也一定是一个注重“礼节”的人，更是一个“知书达理”的人。这无关虚伪与否，而是我们每个人都希望得到别人的尊重，也希望得到对方的热情招待。

可是如何能够在生活中让别人感受到我们的内心呢？这就是生活的智慧，更是“知书达理”之中的一部分。正如同丰子恺教导他的子女那样，有很多生活中或许并不为人所重视的点滴，恰好就是为人处世的关键。

心灵箴言

先天下之忧而忧，后天下之乐而乐。

——范仲淹

如烟往事俱忘却，心底无私天地宽。

——陶铸

我劝天公重抖擞，不拘一格降人才。

——李白

隐忍 让世界更宽阔

故事话题

大明王朝的名相徐阶是公认的一个非常善于隐忍的官员。在他考取了功名之后，恰好进入明朝嘉靖年间，嘉靖是个非常爱猜忌的人，所以对于手下的这些大臣之间，采取了相互制衡的措施，但是即便如此，嘉靖年间仍然出了类似严嵩这样的贪官、权臣。

严嵩是当时的内阁首辅，他设计陷害了前任内阁首辅夏言，而徐阶恰好是夏言的得意门生，所以说，在严嵩的眼中，徐阶等同于眼中钉、肉中刺，他时刻都想着抓到徐阶的把柄，将其置之死地。徐阶非常清楚眼前自己的局势，如果一个不小心，就很容易粉身碎骨，于是他开始了长达近十年的隐忍生活。

面对严嵩的种种挑衅，徐阶都表现出一种低眉顺目姿态，但是每当嘉靖皇帝和严嵩的观点发生了冲突的时候，徐阶便抓住这个机会，说出嘉靖内心想要说的话，借此来打击严嵩的势利。

后来，徐阶终于等来了自己的机会，邹应龙告发了严嵩的种种恶行，嘉靖皇帝非常恼火，一怒之下便下令让严嵩告老还乡。徐阶深知嘉靖皇帝是一个反复无常的人，很有可能会再次利用严嵩，而且，严嵩也绝非是一个轻易善罢甘休之人。于是在严嵩被迫退休之后，主动去严嵩家里去慰问。

徐阶的儿子非常不理解父亲的做法，就问父亲为何如此？徐阶故意大声地说道："没有严家就没有我的今天，现在严家有难，我反而恩将仇报，怎么对得起自己的良心！"这句话就被安插在徐阶府邸的内奸转身汇报给了严嵩。严嵩认为，有了徐阶在皇帝面前替自己美言几句，自己一定能够官复原职。但实际上，此时的徐阶已经无需再隐忍下去了，嘉靖皇帝无意中提及让严嵩回到内阁，却被徐阶和张居正等人义正言辞的回绝掉。就这样，徐阶凭借着自己十余载的隐忍，终于扳倒了大明王朝的一大权臣、贪官——严嵩以及他的政治集团。

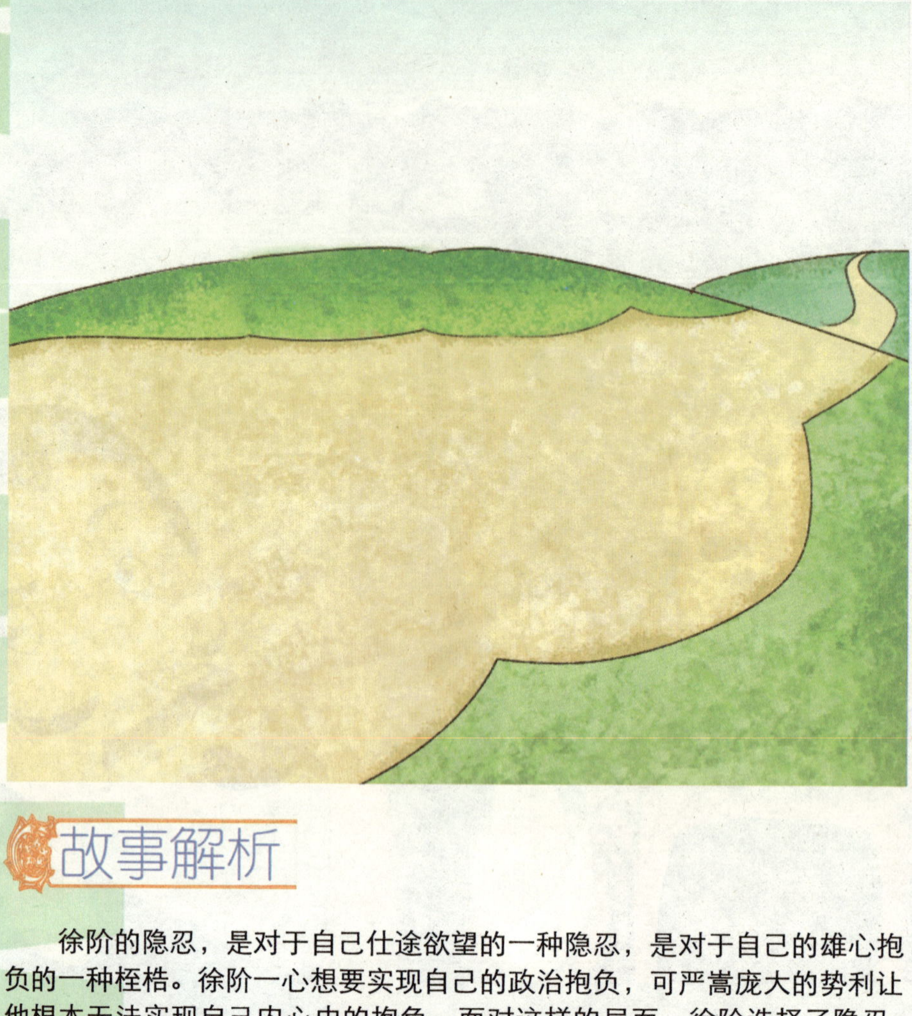

故事解析

徐阶的隐忍，是对于自己仕途欲望的一种隐忍，是对于自己的雄心抱负的一种桎梏。徐阶一心想要实现自己的政治抱负，可严嵩庞大的势利让他根本无法实现自己内心中的抱负。面对这样的局面，徐阶选择了隐忍，并且为了达到自己的目的，这一份隐忍坚持了十余载的时间。

隐忍，并非是惧怕，也绝非是毫无原则地妥协，而是一种能量的积累，是一种厚积薄发的力量储存。在我们的现实生活中，总会遇到一些我们不愿意遇到的事情，无论是人、还是事，都是如此。那么，如何去面对这些呢?

有些人会认为，对待生命中不喜欢的事情，就要竭尽所能地去抵抗，却忽略了我们所处的环境和能力。反之，对于隐忍生活之中的不愉快，用积极的态度去面对，积累自己的力量和学识，这样，生活中的困难和坎坷早晚都会被我们跨过去，而非是一直阻挡在我们的面前。

故事穿越

隐忍，并不仅仅是对于内心不满之事的忍耐，更重要的，是对于大局的一种掌控和定夺：

萧何作为“汉初三杰”、作为刘邦当年平定天下，建立大汉王朝的一等功臣。然而，在汉朝建立之后，为了巩固江山，为了防止那些功臣“功高盖主”，刘邦开始“清洗”那些在百姓之中、在其他官员心里非常有地位、有口碑的功臣。首当其冲的，自然就是“汉初三杰”。

韩信、萧何和张良都非常清楚刘邦的这种举动意味这什么，正所谓“飞鸟尽良弓藏，狡兔死走狗烹。”历朝历代都会上演这种戏码。然而，韩信的“锋芒毕露”和萧何、张良的“隐忍”却形成了两种不同的结局。

张良非常睿智地认识到，此时的刘邦已经不再是当初的楚王，尽管刘邦封他为侯，但张良却以“体弱多病”为由，闭门不出，专心修道养精，崇信黄老之学。

而萧何则在汉朝建立之后，被封做宰相，由于他公正廉明，受到百姓和官员的爱戴。这种来自百姓的呼声让刘邦内心烦闷不已，他很担心萧何的威望早晚有一天会超过自己，那么他辛苦一生的功劳岂不是要被他人所夺吗？

萧何发现刘邦对自己的忌讳之后，便改变了自己为官的策略，曾经从

不收取贿赂的他开始接受其他官员的银两。很快，这个消息就传到了刘邦的耳中，他就在心里认为，萧何不过也是一个用些银两就能收买之人，难成大器。于是就放下了对萧何的戒心。

然而，锋芒毕露的韩信，却因为自己不懂隐忍而成为政治斗争的牺牲品。

所以，通过历史，便能知道“隐忍”的力量。

故事微语

隐忍，不仅是生活中战胜困难所积累的勇气和力量，更是一种生活中的智慧。人生中的挫折，就好比是烈日中的一把火，而“忍”则是主动在夏日中去靠近那团烈火，等到我们适应了火的温度而离开，收获的便是一阵清凉。

好比萧何和张良，他们的“隐忍”，正是对于局势的整体掌握和审时度势，并且根据自己的判断及时调整自己的人生方向。在我们的人生中，总会遇到各种各样的局面，而“隐忍”就好比是一个无形的舵手，让我们在航线中及时调整自己的前进方向。

隐忍，更是我们内心深处克制欲望的唯一良药，人生在世，有太多东西都是我们想要得到的，然而却并非能够完全获得的，所以在这个时候，隐忍就成为一方良药，成为我们积累力量的宝库。

隐忍，是我们完美人生中的一堂必修课，它教会我们如何去审视人生、如何控制自己内心深处无法达到的欲望，如何去掌控我们面前的道路，如何去培养自己的社交能力。所以，面对人生，我们不仅仅要积极进取，更要在适当的时候，隐忍下去，积攒属于自己的力量。

心灵箴言

殷勤过分的蠢材比任何敌人都要危险。

——[俄] 克雷洛夫

当你用不同的礼貌去对待不同的人，那并不是礼貌，而是面具。

——林振强

走得最慢的人，只要他不丧失目标，也比漫无目的地徘徊的人走得快。

——[英] 莱辛

适当的悲伤可以表示感情的深切，过度的伤心却可以证明智慧的欠缺。

——[英] 莎士比亚

给自己找一点生活的乐趣

故事话题

东汉著名的天文学家、发明家张衡发明了候风地动仪，这是世界上第一台预测地震的仪器，但或许你并不知道的是，张衡不仅在地理学方面有所建树，在天文学上同样也有一些发明，比如漏水转浑天仪，非常形象地阐述了张衡所推崇的“浑天说”。

其实早在张衡非常小的时候，他就对天文地理方面非常感兴趣，那时候每到晚上，他就拉着自己的祖母到院落里数星星。祖母看着他孩子气的模样，就说道：“这星星一闪一闪的，数着数着就眼花了，哪里能数得清呢？”

张衡就指着其中一颗星星对着祖母说道：“别看这些星星都在一直动，但是他们之间也是有自己的路的，不会乱走。你看，这两颗星星之间总是这么远。”

恰好这个时候，张衡的祖父走了过来，就告诉张衡一些基础的天文学知识，并且说：“平子(张衡，字平子)，如果你对这些星星有兴趣，今后不妨去当个天文学家吧。”

张衡听完之后，就在心里种下了这样一个愿望，长大之后，他一定要当一名非常优秀的天文学家，最好能够将天上的星星全部数清楚。后来，张衡果然成为了一名天文学家，并且画出了中国第一章星空图，为后世的天文学研究奠定了扎实的基础。

故事解析

每个人都有自己的兴趣爱好，它不仅仅能够激发出我们的无限潜能，更能让我们在这其中获得意想不到的快乐。张衡之所以能够成为天文学家、地理学家，并非仅仅是因为他爱好这些，取得这样的成就当然和自身的努力是分不开的，然而，我们却不能忽略掉爱好带来的作用。

爱好，是我们这一生中最无穷的动力来源，当我们的工作和爱好结合起来，就等于是将我们的快乐和工作结合起来，哪怕是遇到再多的困难，我们都会用自身的执着和勇气去克服。

曾经有人这样说，人生最幸福的事情，就是将自己的兴趣和工作结合在一起，当两者结合之后，自然能够战胜人生之中的种种挑战。兴趣，就好比是“大力水手”手中的菠菜，当我们对生活产生了些许的负面情趣，仍然能够用对兴趣的热爱去弥补工作上的倦怠。所以，竭尽全力地在工作中找到自己的乐趣和爱好，生活将会是一片美好。

故事穿越

很多名人都会有一些自己的兴趣爱好，并且会通过自己的兴趣来挑选减压方式。著名歌手孙燕姿曾经在节目访谈中就谈及，自己在私下里非常喜欢做卡片。

她会收集很多带有漂亮图案的画册，将其中自己喜欢的画作剪下来，找一张稍微硬一点的纸，将喜欢的画作逐一地贴上去。每次做完，她也在卡片上写一些对知心朋友的祝福、或者是心里话，并且邮寄给对方。就好比我们学生时代的手工劳作课一样。

而著名钢琴家李云迪在自己的生活中，除了喜爱音乐，他同样喜欢美食，每到一个地方，都会非常热衷去品尝当地的特色食物，并且会在私下自己琢磨这个菜究竟是如何制作的。

对于这个钢琴家而言，研究美食、品尝美食，以及在微博上分享自己烹饪的美食都是他的兴趣爱好。

故事微语

兴趣爱好，有可能成为我们为之努力、奋斗的梦想，但也有可能只是生活中的点缀。孙燕姿和李云迪为之努力、为之奋斗的梦想自然是属于他们自己的音乐之路，但是他们的兴趣爱好，同样也在充实着他们的生活，为他们带去不同的乐趣。

对于我们而言，也同样如此，有一些人这一生足够幸运，能够将自己的爱好和兴趣放在一起，然而更多的人并不能做到这一点。但是，这并不等于我们的生活全部都只为了梦想、为了工作，同样也需要兴趣爱好，作为生活之中的调味剂。

压力，是我们每个人都会遇到的，或大或小，但却成为影响我们生活的一个因素，而兴趣爱好所产生的快乐的情绪，是能够调整自己的快乐感受的指标。所以，请在生活中寻找一份能够让自己收获到快乐的兴趣爱好吧，为自己的生活增添一丝色彩吧。

心灵箴言

天才，就是强烈的兴趣和顽强的入迷。

——木村久

学问必须合乎自己的兴趣，方可得益。

——[英] 莎士比亚

真实的世界使我感兴趣，因为它是可塑的。

——[法] 纪德

一个深广的心灵总是把兴趣的领域推广到无数事物上去。

——[德] 黑格尔

学到老 就充实到老

故事话题

北宋时期著名的文学家、政治家范仲淹自幼家境贫寒，幼年丧父，只能和母亲相依为命。在前往应天府的南都学社学习之后，更是废寝忘食，用功读书。为了学习，在五年的时间里，他从来没有脱掉衣服在床上好好睡上一觉。因为家里穷，也没有钱去买吃的，每日以馍馍就着热开水充饥。

有些同学看到范仲淹如此贫寒，就拿着家里带来的食物请他改善伙食，但是范仲淹却并不接受。有一次，皇帝南巡到此处，街上非常热闹，很多同学都去镇子上凑热闹，但是范仲淹却并不为所动，专心致志地读书。

有人说范仲淹，以他的才学，肯定能够榜上有名，犯不上如此用功，给自己这么大的压力。但是范仲淹却并不认同，他之所以考科举，想要位极人臣，并非是为了高官厚禄，也绝非是为了富贵繁华，更重要的是，他想要实现内心中的抱负。

果然，范仲淹在高中之后，因为建立了军功，成为了枢密使，这时候他开始向当时的皇帝宋仁宗进谏，开始了历史上著名的“万历新政”。从吏制、职田、科举、学校、赋役等几方面着手，希望能够让宋朝更上一层楼。

故事解析

内涵，似乎是一个非常高深的词汇，很多人都会误以为内涵，是很深奥的。内涵通常是指一个人内心中对一件事情背后所蕴含的涵义、所表达的内心诉求。

范仲淹和很多应试学子一样，都希望考取功名利禄，这是中国封建社会中每个学子内心之中最光荣的事情。但是，和很多人不同的是，范仲淹的内心想的，并非是高官厚禄、并非是光宗耀祖，他想的是要如何振兴大宋，如何让百姓安居乐业，这是一个非常宏远的目标，更是体现一个忧国忧民的文人的胸怀，同样也是属于范仲淹考取功名的内涵。

一个人的内涵，并不仅仅是通过他如何去说，而是通过如何去做。完美的人生需要一个深层次的内涵，并非是假大空的想象，而是要站在现实的基础之上，充实自己的内心，努力让自己成为一个有内涵的人。

内涵，往往取决于一个人的视野、所接受的教育、所获得的生活感悟等等方面的原因塑造而成。当我们努力生活、丰富自己的知识，对生活的感悟和内涵的体现自然就会有所不同。

故事穿越

在中国历史上，有著名的“四大美女”，但同样也有“四大丑女”，这四个丑女并不仅仅是因为她们样貌丑陋而上榜，更重要的是，在她们丑陋的外表之下，却有一颗内涵丰富的内心。

“四大丑女”之中最著名的当属钟离春，又叫钟无艳，是齐宣王的妻子。根据史书记载，钟无艳样貌非常丑陋，到了四十岁还没有出嫁。但是她一直扬言，自己一定会成为齐宣王的妻子，很多乡亲们都在笑话她。

当时的齐宣王非常沉迷于女色，夜夜笙歌，日日歌舞，全然一副昏君的模样。有一天，钟离春去见齐宣王。齐宣王一听有个样貌丑陋的女人求见，内心非常好奇，就宣她觐见。

钟离春刚进到皇宫之内，也不跪拜，就开始厉声斥责齐宣王种种劣迹，从他不理朝纲到不听良言、从他沉迷女色到荒淫无度、从他残暴腐败到喜欢被人吹捧。齐宣王最开始非常生气，可是听着听着，他的内心也开始扪心自问起来，自己究竟是一个怎样的皇帝？

齐宣王问，钟离春为何要来觐见自己，并且如此数落自己一遍，就不怕有杀头之罪吗？

钟离春反唇相讥，我样貌丑陋，如果皇帝还能听我一句劝，悬崖勒马，即便是我死了，也是有所贡献的。但是我曾经在家乡的时候说过，我注定了是要嫁给齐宣王为妻的，所以现在只等待大王您的回复。

齐宣王非常感动，立刻宣布迎娶钟离春为王后，更将钟离春看成是自己的一面镜子，时刻提醒自己，不要回到过去这种荒淫无道的生活，成为历史的罪人。

故事微语

钟离春虽然是一位样貌丑陋的女子，但是却能够看到齐国的种种弊病，能够充分分析齐宣王的内心，更重要的是，她能够有勇气冒着被砍头的危险去直言进谏。尽管她样貌丑陋，却仍然能够凭借着自己的内涵成为齐宣王的王后。

在现实生活中，我们也常常会有这样的问题——过分在意外表，却忽略了关于内涵的建设。但实际上，拥有内涵才能使我们立于不败之地。

曾经有人说，让需求简单一点，心灵就会更丰富一点；让外表简单一点，内涵就会更丰富一点；让情绪简单一点，人生就会更丰富一点；让言语简单一点，沟通就会更丰富一点；让环境简单一点，空间就会更丰富一点；让爱情简单一点，幸福就会更丰富一点。

完美的人生并不仅仅是看表面如何繁华，也绝非是外表如何光鲜，更重要的是在于内在的修为。为了拥有完美的人生，就先丰富自己的内心吧。

心灵箴言

美，是道德上的善的象征。

——[德] 康德

千万不要华丽低俗，因为从衣服上往往可以看出一个人。

——[英] 莎士比亚

有些老年人显得可爱，因为他们的作风优雅而美。而尽管有的年轻人具有美貌，却由于缺乏优美的修养而不配得到赞美。

——[英] 培根

每个成功者都是演讲家

故事话题

著名的英国现代主义戏剧作家、诺贝尔文学奖得主萧伯纳在生活中是一个谈吐幽默的人。有一天，萧伯纳在街上散步，看着街边的景色，他有些走神。正巧这个时候，一个骑自行车的男人不小心撞倒了他。骑自行车的人连忙走过来，上前搀扶起萧伯纳。

“对不起，对不起，我不是故意的。”他连忙道歉。

萧伯纳揉了揉摔疼的地方，连连摆手，示意没关系。

但是骑自行车的人很是内疚，问：“您摔着哪里了？用不用去医院看看呢？”

看到这个男人如此内疚，萧伯纳也觉得心里非常过意不去，自己也有责任，如果自己没有走神，或许就能够躲过这次小小的事故。为了打消骑车人的内疚，他说道：“先生，您真不幸，如果你要是用力些，把我撞死了，那么你明天就会因为撞死了萧伯纳而成为名垂青史的人物了。”

骑车人自然也听出了萧伯纳的黑色幽默，就这样，一场尴尬被萧伯纳的幽默谈吐化解了。

故事解析

谈吐，并非是指简单的交流和说话，更重要的是表现出自己的一种风度，这是完美生活中必不可缺的一个细节。

在我们的生活中，总是会遭遇到尴尬的时刻，就如同萧伯纳因为走神而被自行车撞倒，造成了骑车的人内心极度愧疚。所以他就选择用这种比较幽默的方式化解对方的内疚和尴尬的气氛。

当我们遇到尴尬，幽默的谈吐和较高的情商，能够让我们成功地化解。如何培养自己的谈吐呢？谈吐，并非是一朝一夕就能够完成的，优雅的谈吐自然是建立在渊博的知识和丰富的阅历上。所以在生活中，我们要多吸收知识、阅读书籍。在和人交谈的过程中，一定要注意观察他们的表情，并且重视他人的感受，而非只是自己一味地侃侃而谈。

优雅的谈吐，自然能够为你增加很多印象分数，并且在人际交往的过程中，让你收获到更多的友情。

故事穿越

作为明星，林志玲总是被人评价为“情商极高”、“谈吐得体”的代表，在媒体面前，无论记者提出多么刁钻的问题，林志玲都会以真诚的笑容、诚挚的目光礼貌地回答。

在电影《赤壁》中，林志玲和梁朝伟分别扮演小乔和周瑜，但是因为林志玲曾经是模特的关系，身高问题成为媒体一致关心的话题。梁朝伟便回答说，两个人只要拍摄对手戏的时候，他的脚下会踩着箱子，从而顺利完成拍摄任务。

但是媒体依然没有善罢甘休，而是将这个难题抛给了林志玲，询问她梁朝伟是否是她心中完美的周瑜的形象。

林志玲真诚的回答，是的，因为在她的内心深处，男人的气度远比高度要重要！

故事微语

谈吐，并不仅仅只是我们在日常生活中简单的交流、自然的谈话，更重要的是指，在社交环境之中，我们所展现出来的言谈举止，同时，这种言谈举止并不仅仅标志着你要说的内容，更重要的是要体现出你的气度、你的胸襟。

优雅的谈吐，能够为我们带来更优质的人际沟通，能够让我们收获更多的友情。一个完美的人，谈吐是他必不可少的、需要经过多重锻炼的课程。林志玲能够通过自己优雅的谈吐，顾及到站在身旁的梁朝伟的感受，同时也得体地回答了媒体的提问，这就不仅仅说明一个人会说话，更能够体现出林志玲的素养。

所以，在生活中，用自己优雅的谈吐去收获完美生活，这才是最重要的。

心灵箴言

即使好的称赞，也必须恰如其分。

——[英] 培根

幽默是一种润肤膏，它使我避免了许多摩擦和痛苦。

——[美] 林肯

赞扬少数有学识的人，要比嘲笑多数无知的人更重要。

——[西班牙] 塞万提斯

第五篇

有心情 才有好生活

一位哲学家说：“你的心态就是你真正的主人。”

一位伟人说：“要么你去驾驭生命，要么是生命驾驭你。你的心态决定谁是坐骑，谁是骑师。”

一位艺术家说：“你不能延长生命的长度，但你可以扩展它的宽度；你不能改变天气，但你可以左右自己的心情；你不可以控制环境，但你可以调整自己的心态。”

良好的心态不仅仅能够帮助我们重塑对生活的信心和对未来的渴望，更能够让我们珍惜现在紧握在手中的幸福。

舶来一份安宁

故事话题

莱特兄弟因为发明了第一架飞机之后，得到了世界的关注，很多媒体想要采访他们，也有很多上流人士和他们纷纷接洽起来，但是对于这些，莱特兄弟从来都是视而不见，专心研究飞行器。同样因为这项发明，他们得到了一大笔奖金，但是他们依然视而不见。

有一天，莱特兄弟中的弟弟奥维尔·莱特和姐姐用餐，着急于继续钻研的奥维尔吃得狼吞虎咽，有些菜汁就流到了嘴角。姐姐看着弟弟这副样子，长叹了口气，就用手指了指嘴角，示意弟弟嘴角上有污渍。

奥维尔随手一摸，这才发现，于是随手抓起一条非常漂亮的、看起来像是丝巾的东西擦嘴。

姐姐没见过这条“丝巾”，就拿过来看，嘴里还说着：“没见过你有这么漂亮的一条手帕啊？”

结果，这哪里是什么漂亮的手帕，而是法国政府颁发给莱特兄弟的荣誉奖章，姐姐有些可惜，可是奥维尔非常不在意地说：“嘴巴上有脏东西，又找不到手帕，拿它擦擦嘴而已，何必在意？”

故事解析

人生在世，我们总会有很多种心情，对待生活，也会有不同的心态。但是，一份完美的生活，首先就是从内心得到一种满足感。人们常说，活着一辈子，总要有点奔头，那么究竟什么才是生活的奔头呢？难道真的就是锦衣玉食的生活吗？

其实并非如此，名利，是我们会去努力的目标，但是却不能成为我们人生的唯一目标。莱特兄弟一生获奖无数，他们所得到的名利，是很多人一生都无法达到的。但是这些对于莱特兄弟而言，却无非是一场过眼烟云。

我们的生活是需要一个重心，让其成为我们精神上的支柱和追求，但是这种支柱和追求，应该是一种梦想，而不是名利。当我们的生活有了明确的梦想，为了梦想所付出的的努力和奋斗，都将会成为我们人生中最宝贵的财富。

淡泊名利，是对自己内心的一种修行，让我们在繁华生活之中，寻求一份属于内心的宁静。淡泊名利，是让我们卸下内心对物质的渴求，回归最平淡的生活，正如那句话所言，平平淡淡才是真。

故事穿越

著名的物理学家、被称作“中国航天之父”的钱学森一生淡泊名利，他曾经讲过这样一句话——“我姓钱，但我不爱钱。”

在1958年，钱学森因为撰写了著名的《工程控制论》，获得了一万多元的稿费，这在20世纪60年代来说，相当于一笔巨款。但是钱学森并没有收下这笔稿酬，而是将所有的钱全部买了学习用品，分发到学生手中。

在2001年，钱学森先生因为获得了“霍英东杰出奖”，获得了百万港币的奖金，但是他仍然将这笔钱用到了慈善方面，专门用于治理西部沙漠化问题。

钱学森作为非常著名的科学家，一生中，只穿着自己的旧中山装，几年都不买一件新衣服；只吃着非常简单的食堂饭菜，对于别人铺张浪费的宴请，他从来都不出席；只住着不满百平方米的老屋子，对于单位提议给他分配新房，他也断然拒绝。

就连别人称呼他“中国航天之父”的称号，钱老爷子也是并不赞同的，他认为，导弹、航天是成千上万人的事业，不是一两个人能搞成的。一切成就归于党、归于集体。自己只是其中的一员……

故事微语

名利二字，是一种荣誉，但同时也是内心的枷锁。当我们的人生开始过分追求名利，就会被囚禁在欲望的牢笼中，无法挣脱。然而，当我们卸下名利之心，让内心回归到一片宁静之中，那么生活中的很多不满、很多不忿，都会随着自己内心的宁静而烟消云散。

纵观历史，有很多名人志士最终选择了归隐山林，在田园中寻得了内心的宁静，放下了世俗人眼中的名利二字，尽管生活或许会清贫一些，但是精神世界的满足却是用任何物质都无法换取的。

淡泊名利，云淡风轻；淡泊名利，心自安然；淡泊名利，更是让我们宁静生活的基础。

累了，就到山上欣赏一下风景；累了，就到海边放松一下心情。只有自然的风景，才会让你领略到心之安然！

心灵箴言

淡泊以明志，宁静而致远。

——诸葛亮

不以一毫私利自蔽，不以一毫私欲自累。

——朱熹

过于烦恼和过于愉悦都是过高评价世界的方式，前者比后者更糟。

——[英] 哈利·法克斯

抖一抖身上的“尘埃”

故事话题

世界知名的作家列夫•托尔斯泰在自己的小说《一个人需要多少土地》中，讲述了这样一个故事：

帕霍姆原本只是一个农民，为了养家糊口，只得替地主工作，换取微薄的薪水。于是他内心非常不平衡，开始思考如何拥有自己的土地。一个机会下，帕霍姆获得了自己的土地，他开始在自己的土地上耕种，收获到了粮食。

然而，有了钱之后，帕霍姆开始去获取更多的土地，贪婪逐渐侵占了他的内心。有一天，他听到有个地方正在用 1000 卢卖土地，就赶了过去。

每个人交 1000 卢布，走到哪里做上记号，在太阳下山之前赶回出发点，所丈量的土地都算是这个人。帕霍姆听完，立刻决定参加。

他走了非常远的路，获得了很多的土地，并且在日落之前赶回了出发地。但是由于太过疲惫，在抵达终点之后，他立刻吐血身亡。

仆人只好把他的尸体处理一下，结果却发现，在帕霍姆死后，他所需要的土地只有从头到脚六英尺大小。

故事解析

托尔斯泰通过反讽的形式讲述了一个“贪得无厌”的故事，但是却让读者感受到了托尔斯泰对于“舍得”的认知。我们每个人内心深处都会有对物质的追求心，但是当我们过分去追求这些物质享受，那么就会陷入欲望的怪圈，无法自拔。

舍得，最早出自《了凡四训》。舍，是指用手拿东西给人。得，指得到。可是古人在创造词汇的时候，却将“舍得”二字组合在一起成为一个奇怪的联合词组，来告诉我们一个非常智慧的人生哲理——先舍才能得。从那时起，它就成为一种精神、一种智慧、一种境界。

人生之中有太多东西需要我们去舍得，无论是物质方面的享受，还是对金钱的追求。或许有人会问，舍掉了这些，那我们得到了什么呢？舍去的是我们看得见摸得到的物质，可是得到的却是难以寻找的精神层次的满足。

当我们舍掉了内心对物质、金钱的无限渴望，我们才能得到对于情感、生活方面的关注，去感受山川河流的壮丽、去感受生活之中点滴的感动、去感受朋友之间难得的情谊、去感受生活细微处带来的快乐。

当我们舍掉了内心中的不满，收获的自然是内心深处的满足。完美人生虽然需要我们为之奋斗，但同样也需要我们停下脚步，舍弃内心的包袱，来感受完美生活带来的宁静。

故事穿越

中国古代历史上的“四大美女”，其中王昭君的故事最让人唏嘘：

王昭君是皇宫内院的宫女，因为不肯贿赂为宫女绘画进行选秀的画师，所以画家故意丑化了她。果然汉元帝没有选中王昭君，她在皇宫中做着一名普通的宫女。

在西汉时期，汉宣帝当政期间，汉朝变得强盛了。恰好在这个时期，北方的匈奴因为内部相互争斗，逐渐衰落，最后分裂为五个势力。其中有一个势力叫作呼韩邪，一直和汉朝交好。汉宣帝死后，元帝即位，呼韩邪主动来到长安，要求同汉朝和亲。

但是由于匈奴生活的地区都非常偏远，地理环境相对汉朝自然是比较恶劣的，所以其他宫女都不愿意嫁给呼韩邪。而文武百官也拿不定主意，究竟派哪个女子去和亲。就在这个时候，王昭君主动站了出来，提出自己愿意与呼韩邪和亲。

呼韩邪看到美丽的王昭君，内心非常喜欢，并且表示非常感激汉元帝肯把如此绝色的女子赐予他为妻。在王昭君嫁给了呼韩邪之后，离开了长安，来到了匈奴地域，并且开始习惯了匈奴人的生活。

她一面劝单于不要打仗，一面把中原的文化传给匈奴，使匈奴和汉朝和睦相处了 60 年。昭君死后葬在匈奴人控制的大青山，可以说，王昭君用自己安稳的生活、对故土的眷恋换来了和平的六十年岁月。

故事微语

历史上的女人，似乎总是能够创造出某个传奇，王昭君，这个处于深宫内院中的宫女，舍弃了自己锦衣玉食的生活、舍弃了自己在汉朝皇宫里安稳的、已经习惯的生活，远嫁到环境相对恶劣的匈奴地区，然而她得到的却是千古流传的美名，得到的是世人对她的尊敬。

舍得就是这样的一种人生境界，绝非能够用世俗的眼光、金钱与地位来衡量。舍得，是几千年文化的精髓所在；舍得，是亘古不变的生活哲理；舍得，更是随心而生的生活禅学。正如著名作家、文学家贾平凹在《舍得》中这样写道：“会活的人，或者是成功的人，其实是懂得这两个字的：舍得。不舍不得，小舍小得，大舍大得。”

完美的人生里，我们势必要做出取舍，那么，不妨将我们的人生去繁从简，舍去那些过分的欲望、舍去那些他人在意的目光、舍去那些让我们为之辛苦的虚荣，静下心来感受生活带给我们的充盈。

心灵箴言

你用什么量器给别人，别人也必会用什么量器给你们。

——《圣经》

一切都是暂时的，一切都会消逝。一切逝去的，都会变成美好的回忆。

——[俄] 普希金

人生是一场大火。我们每一个人唯一可做的就是从这场大火中多抢救一些东西出来。

——[美] 比尔·盖茨

有些人，会让人觉得，世界上无人舍得对她不好。然而，这个人。就是得不到她一直盼望着的好。

——席慕容

谢谢你 带给我的美好

故事话题

意大利有个女探险家非常喜欢探险自然极地，并且在这种探险的过程中，她能够收获到很大的满足感和成就感。

有一次，她按照计划徒步穿越塔克拉玛干沙漠，经过了长时间的长途跋涉，她终于走出了沙漠。一早等在这里的媒体记者们纷纷拿出了照相机按下了快门，记录这个激动人心的时刻。

可就在这个时候，女探险家做出了一个让他们都感到奇怪的举动，女探险家面对着塔克拉玛干沙漠虔诚地跪下，静默良久。

有记者在采访的时候问道："你能解释下，刚才你面对塔克拉玛干沙漠跪下这个举动的初衷吗？"

女探险家回答道："我不认为我征服了沙漠，我是在感谢塔克拉玛干允许我通过。"

故事解析

感恩，是我们内心深处对于我们所生活的社会、世界报以感激之情。当这名女探险家走出沙漠的时候，当被众多媒体包围的时候，她首先做的并非是对于自己成功穿越沙漠的喜悦，更多的是对于这片沙漠的感激。

这绝非是一种作秀，人类是地球的主人，但是地球却恩赐了我们大自然，我们能够看到山川秀丽、能够看到大海宽广、能够看到瀑布的壮观、能够领略沙漠的无限风情，这些都是大自然对人类的馈赠。如果失去这些大自然的风采，人类失去的，就并不仅仅是一处风景。

感恩自然，才能让我们更加珍惜自然，珍惜那些能够和我们和谐共处的动物、珍惜那些大自然恩赐予我们的源泉。在 21 世纪，环保问题变得愈发重要起来，很多人开始意识到，人类对大自然的需求和依赖，当我们怀着感激之情去珍惜每一滴水、每一棵树，那么大自然自然会回馈给我们更加美好的山川河流。

感恩自然，更能够让我们的内心收获宽广。自然的无限风情并不仅仅体现在物质方面对于人类的馈赠，同样也给我们的内心提供了充足的养分。当我们面对大海，自然能够感受到它的宽广；当我们面对高山，自然能够体会征服高山所需要的恒心；当我们面对动物，自然能够感受那种来自自然的心灵沟通……

一份完美的人生，光有自己的努力，并不是真正的完美，所以面对生活，我们都需要一份感激之心。

故事穿越

著名的数学家华罗庚除了他勤奋好学、坚持不懈的精神感动过我们，他和自己恩师王维克之间的师生情也非常感人：

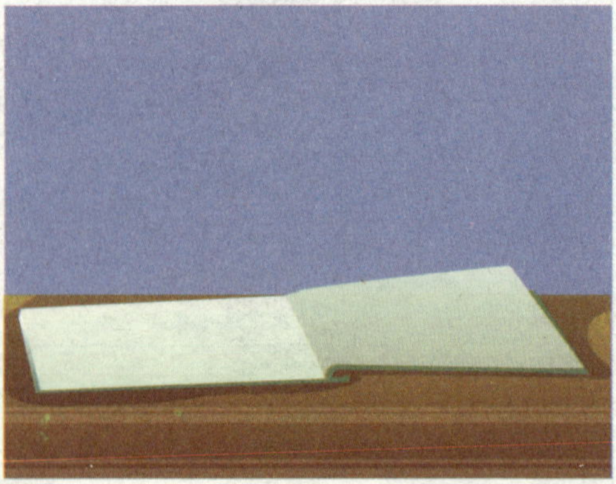

王维克是华罗庚的班主任，他知道华罗庚是个勤奋聪明的学生，那时候华罗庚家里非常穷，买不起太多的书籍，王维克就邀请华罗庚来到自己家里，把自己的书借给他看。

在华罗庚因为贫穷辍学之后、因为生病而无法工作的艰难日子里，王维克总是力所能及地提携他，并且对他给予鼓励：“病好了，可以继续攻数学”。在华罗庚治病需要钱的时候，王维克主动拿出自己的积蓄给华罗庚治病，结果自己也染上了伤寒病，却无钱看病。

后来，在华罗庚被任命为中国科学院数学研究所所长之后，他常常到王维克的住所去看望自己的恩师，以及师母陈涉。虽然他们不是一家人，但是长达数十年的情感，让他们更像是一家人。

王维克过世之后，妻子陈涉将他所有的翻译著作都拿给了华罗庚，这同样也是出于一份信任。

华罗庚教授曾这样对人说：“王维克先生是我数学才华的第一个赏识者。我这位中学老师，不仅数学好，而且在物理学、天文学方面造诣也很深，并且是一个有成就的翻译家。”正是因为这句话，所以大家都把王维克先生看作是第一个发现华罗庚数学才能的人。

故事微语

人与人交往的过程中，我们总会扮演两种角色——给予帮助的人和受到帮助的人，但是无论哪一种，我们的内心深处，都要感谢对方。

给予帮助的人，感谢的是对方对自己的信任；受到帮助的人，感谢的是对方伸来的援助之手。谢谢，是一句非常容易说出口的词汇，却并非是一辈子都非常容易做到的事情。

朋友之间，总会因为一些琐碎的小事而心生抱怨，时间一长，自然就影响到朋友之间的感情。但是，在这个过程中，我们如果真的抱着感恩之心，那么一切问题都将迎刃而解。

感激朋友，能够因为兴趣相投而产生了信任，让我们在茫茫人海中牵起了彼此的手；感谢朋友，在我最困难的时候，选择向我伸出援助之手，或许这份帮助并没有真正解决了我生活中遇到的问题，但是却能够让我感受到内心的温暖；感谢朋友，在我内心沮丧的时候，能够轻言细语地安慰我……

所以，当我们内心多了感激，那么抱怨自然就会消失不见。及时调整自己的心态，用感恩的角度去看待我们的生活，那么一切困难都会变得轻松，一切的不完美都会变成一种残缺的完美。

心灵箴言

人家帮我，永志不忘；我帮人家，莫记心上。

——华罗庚

孝子之至，莫大乎尊亲；尊亲之至，莫大乎以天下养。

——孟子

生活需要一颗感恩的心来创造，一颗感恩的心需要生活来滋养。

——王符

做人就像蜡烛一样，有一分热，发一分光，给人以光明，给以温暖。

——萧楚女

看尽“繁花似锦”

故事话题

希拉里作为美国政坛上第三个女性国务卿，是一个非常懂得欣赏他人的女人，这一点是她从父亲身上学到的人生智慧。

在她年纪很小的时候，有一年春天，她和父亲在公园里游玩，结果看到了一个衣着非常滑稽的老者。当时的天气已经很暖和了，大街上的人都穿着裙子，可是这个老者却穿着厚厚的羊绒大衣，脖子上也围着一条非常厚的围巾。

希拉里看到这个场景之后，立刻哈哈大笑起来。她的父亲很不高兴地看着希拉里，问道：“你在笑什么呢？”

希拉里看出父亲脸上的不快，就指着老者说：“爸爸，你不觉得那个老人家的样子很可笑吗？”

父亲非常严肃地说：“希拉里，我突然发现你缺少一种本领，你不懂得去欣赏他人，这足以证明在和别人交往的过程里，你少了一份真诚。”

希拉里狡辩道：“这怎么欣赏啊？”

父亲又说道：“别看那位老人家穿着非常厚的衣服，或许是人家生病了呢？可是你看他的表情，他在全神贯注地望着树枝上的丁香花，这位老人一看就是非常喜欢美好自然的人，尽管他生病了，穿着与这个季节格格不入的衣服，但是却并不妨碍他欣赏大自然的美好。”

听到父亲这样说，希拉里终于明白自己的问题所在。在和他人交往的过程里，她开始学会用欣赏的目光去关注，后来，她成为学校里最受欢迎的学生。而这种性格也让她在变幻莫测的政坛上取得了不俗的成绩。

故事解析

我们常常会说，自己非常欣赏什么样子的人，或许这个人会有无数的优点，并且没有半个缺点，可是在寻找的过程中，我们却发现，这种真正的完美的人，是不存在的。

每个人都会有自己的缺点，任何人都不会例外，那么我们的世界、我们的人生就因此不完美了吗？当然不是，真正的完美同样也是需要用欣赏的眼光去看待的。

如果反过来说，我们每个人都会有自己的优点，无论这个人在你的眼中是多么的差劲，可是他依然会有自己的闪光点。同样的道理，在生活中也是这样。我们每个人的生活，或许都会出现这样、那样的问题，让我们心生不满，可是用欣赏的角度去看待，我们又会觉得，其实我们的生活并非如此糟糕。

欣赏他人、欣赏我们的生活，欣赏生活中的点滴，不仅能够让我们更加平实地去生活，还能够为我们塑造一个非常不错的心情，如此一来，我们又何乐而不为呢？

故事穿越

作为一名教育家和思想家，陶行知一直备受学生们的尊敬和爱戴，这不仅仅是因为他懂得对学生给予自己的尊重，更重要的是他非常懂得欣赏学生们的优点。

在陶行知担任校长的时候，有一天，他例行去校园里巡查，恰好碰到这样一幕：有一个男生正在殴打另一个男生。他连忙走过去制止了这种粗暴的行为，并且让打人的男生到校长室去找他。但是他并没有急着回到办公室，而是去了解了下情况。

当陶行知回到办公室之后，那个男生已经在校长室安静地等待了。看到校长进来，他连忙想要解释，但是陶行知却摆了摆手，从衣兜里拿出一粒糖果放在男生的手里，说道：“这是奖励你的，因为你比我先到校长室。”

紧接着，他又从兜里拿出一颗糖果，放在学生手里，说道：“在我制止你的时候，你立刻就住手了，说明你懂得尊重我，这是第二份奖励。”

男生被陶行知的行为弄糊涂了，他接过第二粒糖。

陶行知接着说：“刚才我了解到了，你殴打那名男生，是因为他欺负了班上其他女生，我知道你是一个充满了正义感的男人，所以，我要再奖励你一颗糖果。”说着，他再次拿出一粒糖果。

男生立刻明白了校长的用意，他连忙说道：“陶老师，我知道错了，那位同学再不对，我也不能用这种粗暴的方式，我回去一定和他道歉。”

听到他这样说，陶行知又拿出了一颗糖果，说道：“既然你已经知道自己的问题所在，值得我再奖励你一颗糖果。现在糖果发完了，我们的谈话也结束了。”

就这样，陶行知用自己的方式表达了自己对这名学生的欣赏，却同样传递了自己的教育理念，达到了教育的目的。

故事微语

尽管学生犯了错误，但是作为校长，陶行知并没有直接斥责学生粗暴的行为，而是通过另一种形式——表扬他来让他明白自己错在哪里。这同样是将欣赏他人的智慧运用到了生活中去。

从表面来看，男生是打了人，的确是他不对。但是陶行知清楚，没有人会无缘无故地打人，一定是有一种情绪引导了他，结果在他了解了情况之后，就知道原来被打的男生去欺负班上弱小的女生，这名男生实在看不过去，就冲动地企图用拳头来解决。

陶行知欣赏这名男生见义勇为的勇气，欣赏他正直的作风，与其不分青红皂白地责骂，倒不如用欣赏的口吻表扬他，果然，这名男生立刻就知道自己错在哪里。

在我们的生活中，总会遇到让我们不如意的事情，可是换一个角度，就能收获到另一种不同的心情。所以，请学会用欣赏的角度去看待我们身边的人和事，自然也就能够收获完美的人生。

心灵箴言

赞美是美德的影子。

——[英] 塞·巴特勒

赞扬，像黄金钻石，只因稀少而有价值。

——[英] 塞缪尔·约翰逊

称赞不但对人的感情，而且对人的理智也起着很大的作用。

——[俄] 列夫·托尔斯泰

赞扬是一种精明、隐秘和巧妙的奉承，它从不同的方面满足给予赞扬和得到赞扬的人们。

——[法] 拉罗什夫科

是否完美 知足而已

故事话题

明朝曾经有一位学者，叫作胡九韶。尽管他非常有才华，且学识渊博，但他只是在乡村地方做了一个普通的教书先生，日常生活里，耕种些粮食，勉强维持生计。

但是他每天都会有一个举动——要到门口焚香，向天拜九拜。他的妻子非常奇怪丈夫这种年复一年、日复一日的举动，就问他，这是做什么？

胡九韶说："我这是在感激上苍又赐给我一天的清福。"

妻子更加疑惑不已："我们的日子如此清苦，一天三餐都是菜粥，这怎么能算是清福呢？"

胡九韶说道："首先，要感激上苍赐给我的命运，让我出生在太平盛世，没有战争兵祸，能够和平地生活；其次，我要感谢上苍赐予我生活中的温饱，尽管没有美味佳肴，但却让我能够依靠双手过上有饭吃、有衣穿的日子；再次，我要感激上苍，让我的家人平安健康，没有生病需要照料的病人，没有需要打点的囚犯。这些难道还不算是清福吗？"

妻子听后，终于能够理解丈夫的所作所为了。

故事解析

知足常乐，是我们常常说到的人生哲理。

我们可以没有锦衣玉食的生活，可以没有丰富的物质享受，可以没有被他人所羡慕的光鲜外表，但是却不能没有一颗知足的心。

用世俗的眼光看待胡九韶，他没有半点可以让人羡慕的地方，他没有很多的钱，没有属于一个读书人的仕途名利，更没有能够让人称赞的家世，但是胡九韶却非常满足自己的生活。这就是来源于内心的满足。

内心满足，就能够让我们在平淡的生活中，坦诚地去面对挫折和磨难，也能够去承担生活中的荣辱。知足，是面对生活中所有不平的最佳良药，更是感受完美生活的必备能力。

故事穿越

著名的哲学家苏格拉底每日都是笑容满面，面对生活的种种磨难，他从来都不抱怨，并且学会感恩生活。

最初，苏格拉底和几个朋友一起住在只有几十平米的房子里，平均每个人只有几平米。朋友们时常抱怨空间太小了，可苏格拉底却并不这样认为，他反而觉得，能够和这么多朋友们在一起交流思想是一件非常值得开心的事情。

没过多久，其他朋友都相继搬出了这个拥挤的小房子，整个房间只剩下苏格拉底一个人，但是他仍然非常高兴地生活。有朋友回来看望他的时候，就问他寂寞吗？苏格拉底仍然是笑容满面地回答说，怎么会呢？我拥有很多书，每本书都是我的老师，我能够随时随地地向我的老师请教，完全不在意白天还是深夜，这是一件非常自在的事情。

又过了几年的时间，苏格拉底也结了婚，并且和自己的妻子搬到了一座七层高的大厦里居住，但是他的家在整栋大楼的最底层。每天他们都要忍受楼上传出的噪音，还要忍受其他邻里之间随手扔垃圾的坏现象。他的妻子常常抱怨，觉得这个地方的居住环境差死了，既不安静，又不干净，还充满了各种安全隐患。可是苏格拉底却并不这样想，他时常劝妻子说，住在一楼多好啊。进门就是家，都不需要爬楼，外面还有一块属于自己的空地，可以种花养草，这种生活简直是太享受了。

后来，有个朋友家里出了点事情，家里的老人瘫痪了，住在顶楼出入很是不便。于是朋友就找到了苏格拉底，希望两家人能够换下房子居住。苏格拉底也同意了朋友的请求。于是妻子就问他说，现在住在顶楼了，没有了住在一楼的便利，感觉如何啊？苏格拉底依旧笑容满面地回答着，顶楼好啊，每天上上下下爬几次楼梯，反正我们都还年轻，就当是锻炼身体了，而且顶楼的光线好，最重要的是，顶楼非常安静。

故事微语

知足，是内心对生活一种最直接的感知。老子曾经说过：“祸莫大于不知足，咎莫大于欲得，故知足之足，常足矣。”我们每个人都有自己无限的欲望，无论这种欲望是关于物质，还是关于某一种内心的执念，可是，我们绝大多数人都在过着属于自己的平凡而又简单的生活，如何能够平复内心中的欲望与现实的平淡呢？答案便是知足。

就好比苏格拉底的故事一样，我们无论身处在哪个环境当中，都会遇到一些琐碎而细微的问题的困扰，和朋友合租的时候，会嫌弃屋子拥挤，没有自己的私人空间；自己住着大房子，又会觉得寂寞、孤独；住在一层的时候，会嫌弃环境脏乱差；住在顶层又要抱怨上下楼的不便利。细看之下，或许真的和我们很多人现实里遭遇的一模一样。

可是苏克拉底不愧是哲学家，他用一种知足的心态、一种辩证的眼光去看待这个问题，所有的抱怨都变成了生活满足的理由。

所以，当我们在生活中遭遇到了不愿意承受的问题，如果换种角度去看待，用满足的心态去感受，或许生活中就不存在这些让我们头疼的小问题了。心态的改变，自然能够让我们感受到完美的生活。

心灵箴言

知足常足，终身不辱；知止常止，终身不耻。

——[战国] 老子

清虚静泰，少私寡欲。旷然无忧患，寂然无思虑。

——[三国] 嵇康

贪心好比一个套结，把人的心越套越紧，结果把理智闭塞了。

——[法] 巴尔扎克

也许人就是这样，有了的东西不知道欣赏，没有的东西又一味追求。

——[美] 海伦·凯勒

心灵榜样微史话

海明威

欧内斯特·米勒尔·海明威，是世界知名的作家和记者，他曾经被认为是 20 世纪最著名的小说家之一。代表作品《老人与海》一书获得普立策奖；《太阳照样升起》（The Sun Also Rises）与《永别了，武器》两部作品被美国现代图书馆列入“20 世纪中的 100 部最佳英文小说”中。

海明威出生于美国伊利诺伊州芝加哥市郊区的奥克帕克，他的一生可以说称得上是一个传奇。年仅 18 岁的他进入美国举足轻重的报社《堪城星报》（Kansas City Star）当记者。第一次世界大战爆发之后，他不顾家人的反对，投身到革命前线担任。红十字会救伤队救护车司机。亲眼见到了战争的残酷。在战争结束后，海明威开始投身于写作之中，创作了众多非常有影响的著作。第二次世界大战爆发之后，已经过了而立之年的海明威再次投身到战争前线。或许是遭受到战争残酷的创伤，在 1961 年 7 月 2 日，海明威开枪自尽，享年 62 岁。

海明威一向以“文坛硬汉”的形象著称，他是美利坚民族的精神丰碑。他的作品标志着他独特创作风格的形成，在美国文学史乃至世界文学史上，都占有非常重要的地位。

陈景润

陈景润，中国著名数学家，厦门大学数学系毕业。在 1966 年，一个惊人的消息传出——一位屈居于 6 平方米小屋的数学家，借一盏昏暗的煤油灯，伏在床板上，用一支笔，耗去了 6 麻袋的草稿纸，攻克了世界著名数学难题“哥德巴赫猜想”中的“1+2”，创造了距摘取这颗数论皇冠上的明珠“1+1”只有一步之遥的辉煌。

这就是陈景润，他的这个研究成为哥德巴赫猜想研究上的里程碑。而他所发表的成果也被称之为陈氏定理。这个成就还让他与王元、潘承洞在 1978 年共同获得中国自然科学奖一等奖。被誉为“哥德巴赫猜想第一人”。

在此之后，陈景润专心于数学方面的研究，历任中国科学院数学研究所研究员、所学术委员会委员兼贵阳民族学院、河南大学、青岛大学、华中工学院、福建师范大学等校教授，国家科委数学学科组成员，《数学季刊》主编等职。

爱迪生

托马斯·阿尔瓦·爱迪生，是世界最著名的发明家之一，除此之外，他同样是物理学家、企业家。爱迪生一生当中，拥有众多知名重要的发明专利，被传媒授誉为是“门洛帕克的奇才”。

毫不夸张的说，他是人类历史上第一个利用大量生产原则和电气工程研究的实验室来进行从事发明专利而对世界产生重大深远影响的人。

爱迪生是技术历史中著名的天才之一，拥有留声机、白炽灯、电影放映机、摄影机等 1093 项发明专利权。其中爱迪生的四大发明：电灯和电力系统、留声机、有声电影，正是他的发明，丰富和改善了人类的文明生活，并且为现代生活提供了坚实的基础。

爱迪生不仅是一位发明家，同时他还参加了制造工作，亲自组建了几个公司，直到 1892 年 2 月 17 日的《电气工程师》杂志宣告，由爱迪生创办的通用电气公司和汤姆·休斯敦公司合并，在新公司的名称里，原来创办人的名字一个也不予保留。直到这个时候为止，爱迪生组件的公司才全部退出历史的舞台。

尽管爱迪生没有纯理论科学家的气质，可是他却奠定了一项重大的科学理论基础。在 1882 年，他就发现在接近真空的状态下，电流能够在彼此不相接触的电线之间通过，这个现象就叫作爱迪生效应，它不但有重要的实际意义，并且还有广泛的应用价值，最终促使了电子工业的成立。

乔治·戈登·拜伦

乔治·戈登·拜伦，是英国 19 世纪初期最伟大的浪漫主义诗人之一。他的代表作品有《恰尔德·哈罗德游记》、《唐璜》等。在拜伦的诗歌里塑造了一批极具他自己风格的“拜伦式英雄”。

他不仅是一位伟大的诗人，更是一个为理想战斗一生的勇士。在他的一生当中，他积极而勇敢地投身革命，参加了希腊民族解放运动，并成为领导人之一。

富兰克林·罗斯福

富兰克林· 德拉诺·罗斯福，是美国第 31 位、第 32 任总统，是美国历史上唯一蝉联四届的总统。他被称作美国历史上最伟大的三位总统之一，与华盛顿、林肯齐名。

在 20 世纪 30 年代经济大萧条期间，罗斯福努力推行新政，为那些失业工人提供失业救济与复苏经济，并成立如国家复兴管理局、公共事业振兴署和农业调整管理局等机构，借此改革经济和银行体系。

尽管直到第二次世界大战爆发，美国的经济仍未能达到完全复苏的阶段，可是他所发起的一些计划，仍继续在国家的商贸中扮演重要角色。除了这些促进经济复苏的制度之外，罗斯福在任内设立了其他一些制度，比如社会安全系统和全国劳资关系委员会，至今仍然保留。

2005 年，美国在线曾举办过票选活动——《最伟大的美国人》，富兰克林·德拉诺·罗斯福被选为美国最伟大的人物中的第十位。

牛顿

艾萨克·牛顿，爵士，英国皇家学会会员，英国伟大的物理学家、天文学家、数学家、自然哲学家，是百科全书式的“全才”，代表作品有《自然哲学的数学原理》、《光学》。

牛顿在物理学方面的贡献非常突出：在 1687 年，他发表的论文《自然定律》，详细地阐述了万有引力和三大运动定律。而他的这些观点，奠定了此后三个世纪里物理世界的科学观点，并成为了现代工程学的基础。

牛顿通过论证开普勒行星运动定律与他的引力理论间的一致性，展示了地面物体与天体的运动都遵循着相同的自然定律；为太阳中心说提供了强有力的理论支持，并推动了科学革命。

在力学方面，牛顿也非常详细地阐明了动量和角动量守恒的原理。

在光学方面，牛顿发明了反射望远镜，并在三棱镜将白光发散成可见光谱的观察的基础之上，发展出了颜色理论。他还系统地阐述了冷却定律，并研究了音速。

在数学方面，牛顿和戈特弗里德·威廉·莱布尼茨两位数学家分享了发展出微积分学的荣誉。同时，他也证明了广义二项式定理，提出了“牛顿法”趋近函数的零点，并为幂级数的研究作出了自己的贡献。

蒂尼·博格斯

蒂尼·博格斯，是 NBA 历史上身材最矮的球员，身高仅有 160cm，效力与黄蜂队，因为他助攻能力突出，很快便成为队里的主力球员之一。

1986 年，博格斯入选美国队，参加了在西班牙举行的第 10 届世界男篮锦标赛，并且成为整个赛场上最为闪耀的球星。尤其是在争夺冠军的决赛中，前苏联队在最后几分钟落后近 10 分的不利情形下奋起直追，而一向在篮球上非常有优势的美国队面对这种突如其来的状况，显得有些惊慌失措。是博格斯稳住了美国队的军心，他凭借出色的运球绝技游走于队友之间，告诫他们不要慌张。当他一拿到球，球迷们就拼命鼓掌。最终，美国队以两分优势战胜前苏联队。

1987 年，博格斯作为职业球员来到华盛顿打球。第二年，他就和夏洛特黄蜂队签约。在 1993-1994 年赛季，是黄蜂队最辉煌的时期，这应首先归功于博格斯组织进攻有方。在 1990 年和 1994 年，他被评为黄蜂队最有价值球员。

王献之

王献之，字子敬，小名官奴，是东晋时期著名的书法家、诗人、大臣，是晋简文帝司马昱的驸马。他是大书法家王羲之第七个儿子。进入仕途之后，他官至中书令，为与族弟王珉区分，人称王大令。由于他书法出色，与父亲王羲之并称为“二王”。

自幼，王献之就聪明好学，在书法上专攻草书和隶书两种字体，除此之外，也非常擅长绘画。他自小跟随父亲练习书法，胸有大志，后期兼取张芝，别具一格，形成了自己独特的风格。因为唐太宗并不十分欣赏其作品，导致他的作品未像其父作品那样有大量留存。但不可否认的是，王献之同样是一位书法大家。

孔子

孔子，名丘，字仲尼。是春秋末期鲁国陬邑人，儒家学派的创始人。是中国古代著名的思想家、教育家，有“天纵之圣”、“天之木铎”之赞誉，是当时社会上的最博学者之一，被后世统治者尊为孔圣人、至圣先师、至圣、文宣皇帝、万世师表、文宣王，是“世界十大文化名人”之首。

孔子主张——“仁”、“德”、“礼”。而他的儒家思想对中国，乃至全世界都有深远的影响，世界各地都有孔庙祭祀孔子。

李斯特

弗朗茨·李斯特，著名的匈牙利钢琴家、作曲家、指挥家，是伟大的浪漫主义大师，更是浪漫主义前期最杰出的代表人物之一。

他生于匈牙利雷定，六岁便开始学习钢琴，并且拜师于众多著名钢琴家。16 岁开始，他定居巴黎。就是在这个时期，李斯特将钢琴的技巧发展到了无与伦比的程度，最大程度地丰富了钢琴的表现力，在钢琴上创造了管弦乐的效果。除此之外，他还首创了背谱演奏法，他也因在钢琴及以上的巨大贡献而获得了“钢琴之王”的赞誉。

周培公

周培公，中国历史上明末清初人物，文武全才。为人刚正毅勇，恪尽职守，才智过人，深谙治世之策，深得为人之道。是康熙皇帝身边的重要谋臣之一。

周培公一生非常坎坷，他在官场上的主要成就，就集中在平定察哈尔和吴三桂叛乱的过程中，他的谋略使他立下了汗马功劳，挽满清于危难之中。《清史稿》清楚地记载了周培公“说降”之事。

除此之外，周培公同样是一位文人，代表作品被收入《介庵草》。

于谦

于谦，字廷益，号节庵，明朝最著名的忠臣之一。

纵观于谦一生的功绩，其中最著名的便是“京城保卫战”。在此之前，他先后担任御史、随宣宗镇压汉王朱高煦之叛，因为平叛有功，被升任江西巡抚，后担任兵部侍郎。

“土木堡之变”发生之后，于谦临危不惧，力排众议，固守京师，不仅打败瓦拉大军，从而保卫了整个大明江山。

由于于谦的忠心为国，他与岳飞、张煌言并称“西湖三杰”。

康有为

康有为（1858—1927）原名祖诒，字广厦、号长素、明夷、更生、西樵山人、游存叟、天游人。康有为是中国近代史上的政治家、教育家和文学家，资产阶级改良主义的代表人物。康有为作为晚清社会的活跃分子。积极倡导维新活动。

但后来康有为与袁世凯同流合污充当帝制复辟活动的精神领袖，站到了历史对立面。康有为一生主要著作有《康子篇》《新学伪经考》《孔子改制考》《日本变政考》《大同书》《欧洲十一国游记》等。

李云迪

李云迪，国际著名钢琴家。他 7 岁开始学习钢琴，9 岁便开始参加各种钢琴比赛。在 2000 年 10 月，年仅 18 岁的李云迪，一举夺得了肖邦国际钢琴比赛冠军，在此之前 15 年，这个奖项一直是空缺的。李云迪成为开赛以来最年轻的金奖得主，并且是首位且唯一获此殊荣的中国人。

他的演奏震撼了古典乐界，被欧美权威的媒体一致称作拥有“巨星的风采”。

古典乐评界称赞他的演奏独树一帜，优雅高贵又极富诗意，堪称是现今最浪漫最诗意的国际钢琴大师之一，被国际媒体誉为“钢琴诗人”、“钢琴王子”、“中国的肖邦”。

由于李云迪在第十四届肖邦国际钢琴比赛前，是中国唯一一个全程在中国国内学习而扬名世界的钢琴家，被称作中国钢琴本土教育的奇迹。

范仲淹

范仲淹，字希文，汉族，北宋著名的政治家、思想家、军事家、文学家、教育家，世称“范文正公”。

仁宗时，担任右司谏。景祐五年，在西夏李元昊的叛乱中，与韩琦共同担任陕西经略安抚招讨副使，采取“屯田久守”方针，协助夏竦平定叛乱。庆历三年富弼、韩琦等人参与“庆历新政”，提出了“明黜陟、抑侥幸、精贡举”等十项改革建议。历时一年，后因为遭反对，被贬为地方官，辗转于邓州、杭州、青州，晚年知杭州期间，设立义庄，皇佑四年病逝于徐州，谥文正。著有《范文正公文集》。

心灵修养用语微解

梦想：意指梦中怀想、理想；也能够指意识形态下对未来的选择性期待。司马相如《长门赋》：“忽寝寐而梦想兮，魄若君之在旁。”

远见：远大的眼光、高明的见识。《东周列国志》第四回中写道：“公子吕曰：‘主公远见，非臣所及。但恐日复一日，养成势大，如蔓草不可芟除，可奈何？主公若必欲俟其先发，宜挑之速来。’”

专注：是指精神贯注、专心注意、心神专一。清朝陈廷焯《白雨斋词话》里写道：“盖兵贵精不贵多，精则有所专注，多则散乱无纪。”柔石则在《二月》中这样写道：“他翻起一首极艰深的歌曲，他两眼专注地看在乐谱上。

气度：指气魄、风度、诗文、气韵。可以说，气度是一个人心理素质的表现形式，可以决定一个人成败的重要因素。所以，提高一个人的气度，就是提高一个人的素质修养。“气”，有小气、大气之分。“度”则指度量。两者合成以后在某种程度上均是褒义，但在某些另类的因素上也都能够指代贬义。

勇敢：人们有勇于敢为人先的精神或品质。敢为人先不是每个人都具有的品质，只有那些有勇气的人，有勇气敢为人先的人才可以被称作是勇敢的人。在现如今的社会，勇敢的体现，主要是在我们面对挑战的时候，是否能够拥有自信和勇气去接受并且战胜它。勇敢，更是面对困境一种不屈不挠的精神，是一份能够持之以恒的毅力。

善良：是指一个人纯真温厚、和善、心地好。也能够指代和善而不怀恶意的人，说明一个人的品质好。在中国传统文化中，历来追求一个“善”字：在待人处事方面，强调心存善良、向善之美；在与人交往的过程中，讲究与人为善、乐善好施；在对己要求的时候，主张独善其身、善心常驻。善良，是一个人最基础的品性之一，正所谓“人之初，性本善。”善良，是我们内心之中对于这个社会、对于这个世界的一份爱心，是我们对于旁人的一种关怀，是人性化的具体体现。

欣赏：欣赏，即享受美好的事物，领略其中的趣味；认为喜欢，好，表示内心中的称赞。在人生路上，我们需要用真诚的心灵去欣赏，而不是用好奇的眼睛去打量。所以，在生活中，就是用耳朵去聆听，用眼睛去注视，用心灵去体味这人世间的美好。更多时候，我们善于去寻找别人的缺点，更愿意将自己的优点无限制地放大，甚至喜欢在别人的不幸中寻找到自己的幸福感和满足感。但是，欣赏是相互的，如果你要想被人欣赏，就得先去欣赏别人；只有欣赏别人，才能会被人欣赏。

知足常乐：知足常乐，是指自己自知满足则心常快乐。语本《老子》中这样写道：“祸莫大於不知足，咎莫大於欲得，故知足之足常足矣。”况周颐在《蕙风词话》写道：“委心任运，不失其为我。知足常乐，不愿乎其外。”而王西彦则在古屋》中写道：“一个快乐主义者首先得有知足的修养，就是古训所谓‘知足常乐’。”

自我定位：是指在客观环境中，内心对自己的全方面的一个定位。自我定位要做到高点定位与低点起步相结合，不让浮躁的心态毁了对定位的把握，用做人做事的方式定位正面的社会形象。在这个社会之中，我们常常要面临各种各样的评价，有好有坏，有客观有主观，而自我定位的作用就是让我们在面对这样的评价之下，不要太过自信，也不要妄自菲薄，而是要从内心深处真实客观的看待自己。这不仅仅有助于我们提高自己的信心，更能够让我们看清人生的方向。

海纳百川，有容乃大：出自民族英雄林则徐的一副自勉联：“海纳百川，有容乃大；壁立千仞，无欲则刚。”指人的内心，要犹如大海能容纳无数江河水一样的胸襟宽广，来容纳和融合来形成超常大气。

如人饮水，冷暖自知：即泛指自己经历的事，知道感受，旁人不宜明说。唐•裴休在《黄蘗山断际禅师传心法要》中写道：“明于言下忽然默契，便礼拜云：‘如人饮水，冷暖自知，某甲在五祖会中，枉用三十年工夫。’”

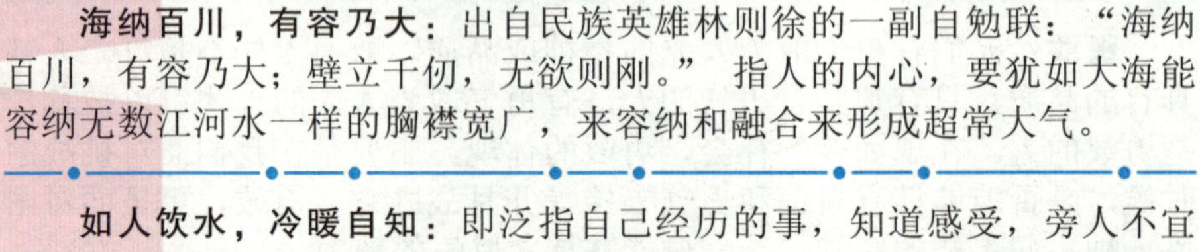